女性的品格

美しい人に—愛はほほえみから

渡边和子 / 著

Watanabe Kazuko

周志燕 / 译

北京时代华文书局

致美丽的你

人应起码每天听首小歌，读首好诗，看幅好画，如有可能，说几句合情合理的话。

——歌德

目 录

contents

Part 2

成为优雅、美丽，有品格的女性

Part 3

一日一生，活在这珍贵的人间世

Part 4

有品格的交往

Part 5

女性与教育

渡边和子的话

获得他人爱的捷径是，自己先成为充满爱的人。幸福不是求来的，是自己创造出来的。

爱，始于微笑。如果没有微笑，无论你多么有钱，都是贫穷的。与其不开心，不如先冲他微笑。实际上，忘记微笑的人，最需要微笑。

当我们忘了自己，埋首于所做之事时，反倒更容易收获充实感和幸福。

所谓爱，即为别人做自己希望别人为自己做的事情。

所谓小小的努力，即在日常交往中，微笑待人，体贴人，说温暖的话语，展示令人觉得舒服的表情。

如果女人一直不客气地接受别人的好意，而自己却没有任何表示，无论什么时候，都只能处于弱势地位、当依附者。认为“让别人为自己做什么是理所当然的”的这种想法，会使人变丑。因为这种人的心中没有“感动”，只有“不满”。

虽然人被赐予了各种各样的力量，但在这些力量之中，最棒的力量，不就是赋予事物以意义的力量吗？在痛苦中也能发现价值、懂得感恩，且在逆境中也能微笑的，才是美丽的人。

知道自己的真正姿态，是件非常重要的事。认识自己，对于人而言，或许既是拥有智慧的开始，也是此生的最终目标。

“持有什么能力”才是最重要的，我们有必要培育出不因自己的性别而自卑或撒娇、具有领导能力的女性领导者。女性领导者持有女性特有的美、优雅和谦恭。

重要的东西，眼睛看不到。重要的东西，如果不用心灵的眼睛看，就看不见。

内心的从容，与时间的有无无关，只与你的心对人敞开了多少、心中是否拥有容纳他人的空间有关。而且，如果你想让你的心容纳他人，必须清除以自我为中心的思想。

所谓“雅性”，即优雅的“雅”，与粗野、粗俗等完全没有关系。与此同时，即使是特意摆出一副优雅的样子，它也不是种做作的行为，而是一种可以催生出内心从容的美，是内心高贵的表现。

为了今后能一直以心灵不长皱纹的状态生活下去，我们需要“化妆品”。从今以后，请大家每天至少让自己拥有一次感动，请寻找你们觉得“真不错”的东西。不仅需要面部的化妆品，更需要心灵的化妆品，让心灵不滋生皱纹。

脱鞋后将鞋摆放整齐；为后面进来的人按住门；与人打招呼的时候，即使觉得麻烦也要摘下手套、拿下围巾，有时甚至要脱掉外套。做这些事，你虽然得不到一分钱的好处，但是你将逐渐蜕变成为招人喜欢的人。礼节不是形式，它是在你的意志与避难就易的肉体进行一场斗争后，你收获的胜利果实。在你与自己激烈斗争后，被称为“雅性”的这种特质，便成了你的战利品。在斗争结束、日暮降临的时候，你将感受到从未体验过的平静之美、从容之美。

同时拥有体贴别人且不迷失自我的强大与优雅，是女性具有魅力、拥有财富的体现。

某位钢琴家曾说：“我弹钢琴，既不是为了自己，也不是为了听众。因为我是对着天弹的。”听到这句话，或许你会觉得意外，但受欢迎的女性，往往是按照以上这种生活方式生活的人。这种女性，既不是只为自己而活，也不是只为别人而活，而是面向天空，边接受上天的“目光”，边怀着感恩之情过好每一天。希望大家都成为这样的人。

※ 推荐序｜别人看见也好，没看见也好，你都在绽放

畅销书《不畏将来 不念过去》作者 十二

我跟很多人推荐过渡边和子的书。

在她此前的著作“日日是好日”系列里，她以一贯真诚、理性的笔调写出了自己拥抱这个世界的方式——以温柔之心，用珍重的情意，带着爱认真往前走。

“微笑，是好天气。微笑，是与花予水。”

“凡是人，都有无穷无尽的欲望。想随心所欲地使用东西，想不断地获得新的东西……当我们学会控制这些欲望，忍受小小的不自由，养成节俭生活的习惯时，因欲望无法满足而感受到的‘痛’，就会变成‘爱’。”

“边品味小幸福边活着的生活，并不是指众人皆围着你说‘恭喜恭喜，真不错’的生活，而是指你拥有很多从心底感觉‘真好’的瞬间的生活。而这种你感觉‘真好’的瞬间，只有在你的精神力打败肉体欲望、做‘真正的

自己’时才能拥有。”

人心日益浮躁，而她的文字极其安静，即使明明是在描述一件痛苦、烦恼的事，也能让读的人心生平静，在那一刻原谅自己，拥抱自己讨厌自己的那部分、拥抱生活令你讨厌的那部分。

我喜欢她的书，与其说我与她的文字有共鸣，不如说我感应到她文字里的能量，一种巨大的慈悲的能量。

这是我笃信的一件事：道理永远是浅层次的东西，作者内心到底有多少能量可以传输出去，决定了文字的能量。

渡边和子毕业于日本三大名媛学校之一的圣心女子大学（多位日本皇后毕业于此校），后在圣母清心女子大学担任校长与理事长，为女学生们教授人格和道德情操的课程，并与同时代的濑户内寂听、田中澄江等名人交往笃深。这样的背景经历，使得她对女性的生存状态、品格行为、处世方式尤为关注。

她坚信世界上的每位女性都能靠自己的力量成为美丽的人，当然，也能让自己变丑。

这是一本品格书，而不是道德说教书。在《女性的品格》这本书里，她其实都在探讨“女性是什么样，应该要活成什么样才更幸福”。

亲眼目睹父亲被枪杀的渡边和子，心中曾经也充满了疑问——为什么人和人之间要有仇恨、杀戮?

而母亲在父亲死后,成为一个满是负能量的女人,母女之间无法好好说话。母亲直到死前,也无法和自己达成和解,和这一生达成和解。

她在追寻答案的过程中认识到,“爱并非与生俱来,而是需要学习的,但我们往往忽略爱的学习”。

我这么爱你,为什么你不能那样爱我?

我已付出全部力量爱你,为什么换来这个结果?

为什么我总感觉身心疲惫,得不到回应和支持?

不是我们不应该付出爱,而是我们要学习如何更好地拥有爱。

爱是人类一切行为品格的原动力。

在现代社会中,人们的生活方式和角色发生了重大的变化。男性沉溺在权力追逐、金钱崇拜的泥沼中难以自拔,女性被情绪纠缠住,心生不平、委屈、怨恨,看不到其本质的内核只有一个——这一生,我想活成什么样,我该拥有什么样的品格?

一个有品格的女性,首先要有一颗宽广、博大的爱之心。即不会把兴趣和关心仅仅停留在自己身上,还会关心自己以外的广阔的世界,关心世上发生了什么事、人为何而生、人应该如何生活、我们应珍惜哪些东西等。

不仅关心具体的东西,还关心价值、理想等抽象的东西,这也是女性成熟意识的扩大。

“爱也不是装在固定容器里的水，舀出来一部分就少一部分，而是像泉水一样，越舀涌现的水越清澈。”以学习之心，在心中培育爱的力量，是我们要追求一生的课题。

还有哪些是女性应该有的品格？

渡边和子总结说女性应该修炼：自知、精进，追求美的态度，不迷失自我的强大与优雅，敢于接纳不完美的自己。

渡边和子还特别讲到了在拥有女性特质的前提下女性领导力的培养。

女性的品格不应该只是追求爱情婚姻、生儿育女，它应该被赋予更丰富、更开阔的含义。

弗吉尼亚·伍尔夫曾对广大女性说：“我希望你们可以尽己所能，想方设法给自己挣到足够的钱，好去旅游，去无所事事，去思索世界的未来或过去，去看书、做梦或是去街头闲逛，让思考的鱼线深深沉入这条溪流中去。去做一些不仅有益于自己，还对整个世界有所裨益的事情。”

每个人的品格养成，都掌握在自己手中，取决于每个人对自己的要求和修为。回归自我内心，别人看见也好，没看见也好，你都在绽放。

人生这个道场里，我们都是修行者。

希望你能在这本书里找到启示。

“爱是恒久忍耐，又有恩慈；爱是不嫉妒，爱是不自夸，不张狂，不作害羞的事，不求自己的益处，不轻易发怒，不计算人的恶，不喜欢不义，只喜欢真理；凡事包容，凡事相信，凡事盼望，凡事忍耐；爱是永不止息。”

Part 1 致美丽的你

带着爱意过好每一天

日语中的有些表达方式、单词，光查日英字典是无法将它们顺利翻译成英语的。“爱”便是其中之一。

据说有一次，当传教士引用《圣经》中的“上帝就是爱”解释“爱”时，高中生的反应是“哎呀，真讨厌”。其实，高中生做出这种反应，也是情有可原的。因为日语中说的“爱”，是和恋爱、结婚、性行为、拥抱、接吻等特殊的动作及状态密切相关的。但从另一方面又可以反映出：对作为爱国心、爱校心、爱公司精神等社会性关爱为众人所接受的爱，以及拥有能给个人日常生活的各个方面带来影响的广义力量的爱，人们的理解还远远不够。相比之下，说英语的人在会话中用起“love”来，要随意很多——无论是作为动词的“love”，还是作为名词的“love”，他们用起来都很随意。

美国人要是喜欢吃冰激凌，他们会说“I love ice cream”。那么，是不是爱吃冰激凌和谈恋爱的感觉是一样的呢，答案是否定的。其实，他们说

的“爱”，仅仅是我们说的“非常喜欢”。除此之外，在英语中，“一定要去看看”这类表达强烈愿望的句子，也会被说成“I love to go”。

爱，其实是一个动词。

我举这两个浅显易懂的例子，是因为我想告诉大家：在日本，人们是羞于将“爱”这个词挂在嘴边的，当人们从口中说出这个词时，会显得格外郑重和紧张，而英语中的“love”，在日常会话中，用起来却十分随意；这一大不同说明人们存在容易爱的本质，即被有魅力的东西、有价值的东西吸引的心理倾向。从这个意义上说，即使我们说“爱是一切人类行为品格的原动力，无论是什么样的爱，被什么样的爱吸引，都属于人的正常行为，都是生而为人的正常表现”，也不为过。

爱之心

当我们以自我为中心生活时，我们会从“是否利己”的角度审视周围事物的价值。我们总是不带感动、索然无味地度过“今天”，是因为我们总是将周围事物视为“理所当然”。其实，让自己对每样事物、每件事保持新鲜的感觉，是件重要的事。而且，这也是我们拥有一颗“爱之心”的表现。经历过关乎生死的大手术的人，能为自己“还活着”而感动，在久居国外后回国的人，能被日本山川的美所感动，都是因为他们在之前满不在乎的东西身上发现了它们所持有的价值。

现在，追求感动的人总是在不断地寻求新的刺激。实际上，我们真正应追求的是一颗善于感动的心、善于发现价值的心。想要拥有一颗善于感动的心、善于发现价值的心，首先我们应问自己“迄今为止一直认为拥有它们是‘理所当然’的东西，真的是理所当然吗”，然后再想想“当它们被夺走后，自己会怎么样”。如此一来，我们就能重新认识它们的价值。如果有人事先通知我们人生的最后一天是哪一天，我们一定会觉得在最后一天来临前的每一天的生活，都令人难以忘怀。

原本，学生眼中的经常走的路，女儿眼中的经常居住的闺阁，员工眼中的长年使用的椅子，都是“理所当然之物”。但当学生即将毕业，女儿即将出嫁，员工即将迎来退休时，这些“理所当然之物”就会突然拥有特别的价值。其实，我们人生中的毕业之日、出嫁之日、退休之日，是不是明天，无论谁，都无法断言。

如果真是明天，我们就必须带着爱努力活好今天。在带着爱生活时，我们不应只将爱倾注在自己喜欢的人、能给自己带来好处的人身上，或能给我们换来金钱、名誉、地位的事上，而应倾注在助我们拥有美好一天的一切事、物、人上，并在发现它们的价值后，增加这份爱的“厚度”和“深度”。

放下喜好，发现事物本身的价值

被称为“三无主义”的无力气、无感动、无关心，常常见诸报端。其实，可以说这也是由现代人缺乏爱、缺乏长久持续的爱导致的。或许有人在看完这句话后会说：“这话说得毫无道理，现在的人不都是因爱泛滥而深受困扰吗？”

确实，无论是电视剧、歌谣、电影、周刊，还是面向少年的杂志，都在歌颂爱，讲述爱情故事、爱的纠葛。但是，这些涉及的全都是没有任何生气的、颓废的爱。虽然它们谈及的都是“被魅力吸引的心理倾向”，但现在这个时代与处于饥饿状态的人被食物的魅力所吸引的时代是十分相似的：在吃饱前，我们会十分重视“食物”，但一旦吃饱了，就会对“食物”不加理睬。可以说，电视剧、杂志中谈及的“爱”，是一种以自我为中心的爱，是不会长久持续的。

有的人会因“喜欢”而“爱上”什么。确实，我们喜欢的东西拥有我们讨厌的东西所不具备的魅力和价值。但是，或许只有当我们放下自己的喜好，发现物品本身的价值，或放下与我们有关的利害关系，注意到这个人本身的价值时，我们才能真正理解爱的本质吧！

《圣经》有言，要爱你的敌人。如果我们把这句话替换为“要喜欢你的敌人”，将会轰动整个基督教界。其原因是：“喜欢”仅仅是喜欢，它是一种生理上、感情上的感觉，无法用意志力控制；而“爱”，则是一种与意志力有很深关联的感觉。自己不喜欢的东西，让自己喜欢上，是无论如何也做不到的事，但我们却能让自己爱上。不过，这种场合的爱，不但不是一种伴随着兴奋、震撼全身感动的爱，还是一种需要我们本人勉强自己或说服自己才能产生的爱。虽然有人会说“这种爱不是爱”，但从爱的本质，即被对象所持有价值吸引的心理倾向这个角度来说，能否在远离自己的鉴赏力、利害关系、喜好的东西身上找出价值，既是意志问题，也是一场与自己的战斗。

爱是恰到好处的分寸

有一天，两三名一脸疲惫的学生来到我的办公室，对我说：“我们都说了无数遍了，全班同学还是不理解。”

她们向全班同学解释的是关于自治会的事。可以说，这几名学生是以失望为代价学习了“人与人之间的理解之难”。

真正的爱是有痛苦的

“断绝”这个词曾在日本流行一时。虽然最近很少能听到它，但这并不意味着它已销声匿迹，或我们已看清它的真面目。人与人之间难以理解，是一直以来的问题。仔细想想，“断绝”真是一个合适的词。因为只要我们说出“断绝”这个词，理解对方所说之事的麻烦就会立刻消失在你的世界里，且不留一点痕迹。即使你和与你持不同意见的人没有探讨个究竟或争论，你也可以将你和他的意见不合作为“两代人之间的断绝”“体制派和反体制派间的断绝”或“亲子之间、师徒之间或管理者与被雇佣者之间的断绝”来处理。

人与人之间到底能互相理解到什么程度呢？我觉得我们要理解谁，必须以“无法完全理解”这个前提为基础。因为我们每个人都是拥有不同人格的人。马丁·布伯（译注：生于奥地利的犹太人，哲学家、翻译家、教育家）曾说：

> 来到这个世上的每个人，都是迄今为止从未存在过的新个体、独立个体。且每个人都有义务知道“迄今为止，世界上从未出现过与你相同的存在”这一点。因为每个人都是为了完成只有自己才能完成的使命而活在人世，如果世上有与你相同的存在，你就没有必要活在人世。

我们可以像开玩笑似的说：“还好只有一个，如果像他那样的人有两个，就麻烦了。”其实，“每个人都是独一无二的存在、无人可替代的存在”这一点，不仅是人尊贵的根源，还是人与人之间的理解有上限的原因所在。我觉得，想让自己以外的人完全理解有时连自己都理解不了的“自己”，是一种错误的想法，而觉得自己能完全理解对方，则是狂妄自大的表现。

你或许会说：“但是，如果真是这样，我们就太孤单了。”

但不正因为如此，我们才能看到两个孤单的人互相帮助、互相照顾的美丽姿态吗？

武者小路实笃曾说：“你是你，我是我，但你我是好朋友。”一提起“好朋友”这个词，我们就容易认为“朋友是我，我是朋友，我和朋友是合为一体的”。但其实，拥有独立人格的两个人绝不会合为一体。这是彼此尊重对方是拥有独立人格的人，从心里允许对方拥有自己的生活方式的表现。而且，这么做，并没有忽视我们在爱的驱使下想要与对方一体化、同一化，想要更深刻地了解对方的内心愿望。一体化、同一化，不仅是所有懂得“爱”的人都持有的殷切希望，还是一种伴随着身体疼痛的欲望。

爱越是纯粹，伴随的痛苦越多。因为你会发现，你想要与人一体化的强烈愿望，你想彻底了解对方、让对方成为自己的一部分的愿望，是无论如何也实现不了的。不过，没有痛苦的爱，也不是真正的爱。如果你不想承受痛苦，你可以让自己在爱别人时把握分寸。当你意识到，两个人无论在肉体上挨得多近，精神上分享的东西有多么多，都无法成为一个人，“爱”的新姿态，就会在痛苦中“诞生”。这是一种因“承认并忍受与他人的距离”而得到认可的爱。而想要忍受与他人的距离，信赖是必不可缺的。距离总是在空间上、时间上为“信赖”腾出余地。因而信赖之美也能变成爱之美。

在有距离的姿态中学会如何爱

作为妻子的你可能想通过一天二十四小时都陪伴在丈夫的身旁让自己对

丈夫放心，或想经常听到丈夫对自己说“我爱你”。但是，当你实现这个愿望的时候，也是亲手破坏培育信赖的余地的时候。而这样的结果是，你无法培育出能逐步成长且长久持续的爱。

母亲怀着胎儿的时候，应该是两个人联系最紧密的时候吧！像这样的一体感，其他场合应该不存在。话说分娩是一大开心事，但与此同时，也意味着母亲和宝宝迎来了一次别离。但即便如此，我们依然可以说喝奶的宝宝和母亲的关系是最近的。断奶、幼儿园、小学……随着孩子的不断成长，孩子与母亲的距离越来越远。当孩子上小学后，母亲对自己孩子的爱，要经历一次很大的考验。这个时候，母亲想要一直成为最了解孩子的人的愿望，会被残忍地拒绝，而母亲也必须舍弃在所有事情上都扮演孩子最亲近的角色的愿望。这是没有办法的事。因为孩子去母亲触手不能及的地方，想母亲无法理解的东西，是成长的必经过程。在这种时候，母亲就有必要将孩子视为一个拥有独立人格的个体——不是将孩子视为自己的所有物或附属物，而是将他作为“拥有理性和自由意志的主体”对待。让母亲做到这一点，或许是件痛苦的事，但“爱”就需要母亲做到这一点。

总是黏着孩子的父母，总是想了解孩子的一切、控制孩子的父母，或许可以让自己获得满足，但这不就意味着为孩子的幸福考虑得太少了吗？其实，孩子能通过父母认识并忍受距离的姿态，学习如何“爱”。一想到什么便马上行动的孩子，是何其多啊！只知道从对方那得到快乐和满足，且因想发挥对方的能力、让对方成长而不知“忍受”的人，最终一定会得到很大教训，并被告知“真正的爱在哪里”。换句话来说，这样的人都是没有被真正爱过的人。

拥有独立人格的人的生活方式，是很严格的。这既是一种禁止将对方视为自己的“一部分”，不允许将自己的判断、意志随便强加于人的生活方式，也是一种对自己的生活方式负责，并一方面允许自己爱的人拥有独立的世界，一方面继续爱对方的生活方式。而且，这也是一种通过努力让自己理解对方，让自己放弃想要彻底理解对方想法以证明爱的生活方式。

当今人们想要在他们所需做到的很多事上收获幸福的根本前提是，拥有这种生活方式、爱的方式。

爱这可爱的人间世

从十多年前至今，我一直过着修道女的生活。大家或许是从尼姑的生活推测修道女的生活吧，总觉得我选择修道生活，是因为我有厌世情绪，而厌世情绪则是由失恋等类似原因引发的。换言之，大家总觉得我是因无法从人那里得到爱而选择投入上帝的怀抱。

小时候的我，做梦也没想过自己会过上这种生活。但其实，在我的生活中，促使我厌世的因素，并不是完全没有。9岁时，我失去了父亲。在那个外面是皑皑白雪的冬天的早晨，父亲在喷出大量鲜血后倒地而亡。当时，幼小的我并不知道这件事会给当时的日本以及日本的未来带来什么影响。但是，父亲的身体被机关枪扫射成蜂窝状后又被多名士兵用刺刀刺死的惨状，三十多年后依然清晰地印在我的脑中——打破清晨的宁静、震耳欲聋的枪声，一车子乘着卡车而来的士兵的怒吼声，欲阻止士兵的母亲的声嘶力竭的声音，依然在我的耳边回响；握着手枪气绝身亡的父亲的姿态，飞溅在墙壁上、天花板上的血迹，也一直印在我的眼底。而与父亲在同一个房间的我，是父亲离世的唯一目击者。

毫无疑问，经历过这件事和没有经历过相比，肯定是有区别的，而且这个经历也确实给我的生活方式带来了一些影响——这让我见识了生命的无常、人类的恐怖。但是，我既没有周刊杂志喜欢在文章中提及的动机（加入基督教，并在不久之后进入修道院生活是受这个经历的影响），也没有因想继承在教育总监的岗位上倒下的父亲的遗志而想在教育之路上不断前进的志气。我觉得，人在决定自己的人生方向时，会受到过去经历的影响，但相比之下，人更容易被未来的志向所左右。

父亲离世后，母亲可能是担心我的状态吧，决定让我去四谷的教会学校上学。因为当时这所教会学校属于高级女校，所以我在基督教的氛围中度过了长达五年的时光。但遗憾的是，我还没对基督教的“基”字产生兴趣就从这里毕了业。这段时期，占据我内心的是名誉心。明明不是天才却比常人更讨厌己不如人的我，只是让自己不断地努力学习。因而，不论是女校、专门学校，还是后来的大学，我都是以代表毕业生致答词的身份毕业。尽管如此，我的内心还是一片荒芜。在女中教钢琴的修道女——我非常尊敬的一位老师——在了解我是一个讨厌自己拥有一颗高傲的心、与自己无法和谐相处的人后，递给我一本《圣经》。

她对我说：“请每天读 15 分钟。”我答应了。后来，为了遵守自己的诺言，我每天都读 15 分钟。

有一天，我看到了这句话：“凡劳苦担重担的人，可以到我这里来，我就使你们得安息。”

极其渴望安息和内心的平静的我，温顺地学习教义，并于战争结束当年的 4 月，在母校的教堂接受了洗礼。即使是现在，我依然觉得当时自己会做出那样的举动很不可思议。当时，交通网因前一天的大空袭而陷入了瘫痪之中。因此，我独自一人从荻洼的家走到了位于四谷的学校。毫无疑问，母亲非常反对我接受基督教的洗礼。其理由是，父亲是因佛教而死的。但是，可能是因为当时正处于连日连夜的空袭之中，我们都过着有今天没明天的生活，母亲对我的举动佯装不知。

虽然我接受了洗礼，但我为缓和自己的痛苦、弥补不足，即为方便起见而寻求的信仰，却怎么也无法与我融为一体。日本人总是爱临时抱佛脚，在需要帮助的时候才求神拜佛。而且，一旦事情的进展不像自己所想的那样，就会过河拆桥，说“世上怎么会有神佛呢”之类的话；当感觉人生并没有什么不足的时候，就会轻视神佛，将神佛忘得一干二净。当时我信仰基督教也属于这种情况。反对我洗礼的母亲，总是严厉地批评我说：“你这样也能当基督教徒？”

母亲说得很有道理。因为接受洗礼后的我依然十分任性傲慢。

手把手教我过有信仰的生活的是一位外国传教士。在感受到他那不求报酬的热情，无限宽容的生活信仰之后，我有一种豁然开朗的感觉。我意识到，如果连拥有很多弱点的这位传教士都如此优秀，那么他所愿意为其服务的耶稣一定是更优秀、更有爱的人。这可以说是相遇之美吧！将以自我为中心的信仰替换成关注他人的需求并贡献自身力量，让心中充满爱，也是始于那个时候。

在《圣经》中，有这么一句话：

我们爱，因为神先爱我们。

从此，我决定将让众人发觉一直在我们身边的上帝之爱作为自己的此生事业。因此，我不是因为失恋或厌世而选择基督教，而是为了爱这可爱的人世而选择从被丈夫、数名孩子束缚的不自由中逃脱出来，让自己从此自由地工作。

与其被爱，不如去爱

如果心中充满对上帝的爱、对人的爱，一切问题是不是都能迎刃而解呢?答案是“绝非如此”。无论是单身生活，还是结婚生活，都有沉醉于爱的醺醺然时期和必须为维持爱而不断努力的时期。

前几天，有一位毕业生前来看我。这位毕业生在上学期间经常迟到，而且每次迟到的理由都是“早上无论如何也起不来”。但是，前不久结婚的她，发生了巨大变化。她若无其事地对我说：“现在我每天早上五点半起床，起床后不是为丈夫做便当，就是为丈夫做上班前的准备。”

在和我说这句话时，她看起来很开心。看她的表情，我感觉到了爱情力量的伟大，并意识到，对于她而言，远远逊色于爱情的大学课程，是非常无聊的。我在祈祷这位幸福满面的毕业生能一直高兴地早起的同时，心想：“不久之后，她不想早起的早晨就会来临，到了那个时候，让她从床上爬起来的力量又是什么呢？”

据说，人之所以能早早地从床上爬起来，是因为那一天他拥有他所爱的人或物。出门远足的日子、穿新衣服的日子、与自己喜欢的人见面的日子……在即将迎来这样的日子前，大家应该都会盼着赶紧天亮、赶紧早起吧！当我们在等待比睡觉更开心的事、比温暖的床更好的东西的时候，起床是一件令人高兴的事。但是，我们也有因预料到当天有必须面对的复杂问题、不想见的人或不得不做出裁决的事情而内心充满恐惧的早晨。

如果我知道管理、经营、人事等方面最让人头疼的棘手工作正在等着自己，我或许就不会选择这条路了。但是，我也认识到，人的一生，无论你在哪儿，都绝不能事事如愿。我们一旦置身于某种处境中，就不允许我们像“未处于这种处境”一样行动。当我们采取“if only（要是……就好了）”的生活方式生活时，我们是在逃避现实，让自己生活在一个虚幻的世界或充满幻想的世界中。在这样的世界中，爱是培育不起来的。美国人或英国人在打招呼时，通常使用“How are you（你怎么样？）”，而我们在打招呼时，通常会使用“Where are you（你在哪儿？）”。我们之所以必须使用这样的寒暄语，是因为询问对方的精神健康度的寒暄语（如“你是否没有逃避现实，正在脚踏实地地生活”“你是否正在做白日梦”“你是否建了一座空中楼阁并让自己住在其中”等），对于人而言，是必不可缺的。

肯尼迪总统喜欢以下这两句话：

与其期待安逸的生活，不如努力让自己成为强人。与其期待拥有一份与自己的能力相匹配的工作，不如祈祷自己拥有完成被分配的工作所需具备的力量。

我认为，对于我们而言，这是一种重要的思考方法。即使我们无法将被分配的工作以及生活改造成我们喜欢的样子，终归我们也必须努力爱上它们。可以说，在自己的心中培育爱的力量，是我们一生的课题。

刚才我说“我们必须努力爱上它们”，那么“爱”是否只要我们努力就能培育出呢？在现实中，我们总是拼命学习增加钱财的方法、获得名誉和地位的诀窍，而过于忽视比这些身外之物更重要的“爱”的孕育方法、培育方法、增加方法。这是为什么呢？因为比起“爱别人”，我们更希望“被爱”。我觉得，在当今社会中，无论是化妆品广告、衣服的长度、整形技术，还是教养，都已成为彰显个人魅力、提升“商品价值”的手段，而且我们也对它们产生了过多的依赖。但是，被别人爱的最快方式，是成为值得被爱的人。换言之，应先让自己成为心中充满爱的人。

曾经，在意大利一个名为“阿西西”的小村庄里住着一位圣人。这位圣人名叫弗兰西斯科，生于当地的名门之家，从小过着充裕的生活。让人意外的是，有一天，他突然舍弃一切，过上了为上帝服务的清贫生活。据说，当他在传递人类博爱精神的时候，为了专心听他说上帝的故事，野地里的小鸟会驻足在他的肩头，野兽会乖乖地蹲下。圣·弗兰西斯科有一段广为人知的和平祈祷词，其具体内容是这样的：

> 主啊，求您使我们成为您和平的工具：在有仇恨的地方，让我播种仁爱；在有伤害的地方，让我播种宽恕；在有猜疑的地方，让我播种信任；在有绝望的地方，让我播种希望；在有黑暗的地方，让我播种光明；在有悲伤的地方，让我播种喜乐。主啊，求您给予我们那梦寐以求的：叫我们不求安慰，但去安慰；不求理解，但去理解；不求被爱，但去爱……

爱并非与生俱来，而是需要学习的。但我们往往忽略爱的学习。一提起爱的问题，我们就会马上思考爱的对象，而不去思考作为一种力量存在的爱本身。当我们只将爱锁定在自己与特定对象间的关系中，而不把爱放在自己与全世界的联系中思考时，或当我们忽视自己身上“爱的力量”的流露时，我们就很可能成为狭隘的、排外的利己主义者。觉得自己的孩子很可爱而别人的孩子很可恶的人，或自己的孩子越可爱就越觉得别人的孩子可恶的人，我对他们是否真的拥有爱心和爱的力量持怀疑态度。他们或许认为，即使只是对别人的孩子说和善的话，也会吃亏或减少对自己孩子的爱吧！其实，爱不是像装入固定大小的容器中的水一样，只要舀出一部分，就会减少一些，而是像泉水一样，越舀，涌现的水越清澈，而一旦长久不用就会干涸。当我们将爱作为弥漫在人与人之间的力量看待时，爱就会成为我们与所有人、一切事物的联系纽带。

所以，尽可能对身边的人付出爱，去发现、敬佩别人的长处和优点。付出爱的对象，不仅限于家人，还可以扩展到职场的后辈、兴趣伙伴、邻居的孩子，甚至是擦肩而过的路人。正如善有善报，在爱别人、帮助别人的时候，这份善意和善举会以其他形式返还回来，我们也会不知不觉得到别人的爱和帮助。

人生不是游戏，而是一项被分配的工作，活着的人使用生命，即使命。我们在迎来人生的终点之时，仔细回想一下“自己是如何使用生命的”。我们必须要明确的不是“这一生做了什么”，而是“是如何完成自己的使命的”“是否带着爱去完成使命”。我觉得这才是每个人应履行的职责。

我常祈祷说：“我的人生，只有一次。因此，如果我能做什么好事，如果我能给予周围人什么恩惠，请让我现在做吧！因为我的人生无法再来一次。”

确实如此。我想让自己在活着期间不错过任何能给予别人爱意和帮助的机会。

愿人心温暖，也有力量

“请给我一杯咖啡。”

对方没有回应，没过多久，如同扔东西般放上一杯咖啡后便扬长而去。杯中的液体如同暴风雨之夜的大海般“波涛”汹涌。

“我想买一张到某某地的成人票。”

对方用生硬的语气回答道：

“隔壁！”

确实，弄错买票的窗口，是我的失误，但他难道就不能用更柔和的语气说吗？

一遇上如此态度不好的人，我便会想“还是用自动贩卖机好”。虽然不论哪方都没有说客套话，但我的要求也不高，只要他们不训斥我，不让我不愉快就行。

一坐上出租车，就能看到前座的背面贴着一张小标签，上面写着“多蒙光顾，非常感谢”，而司机则始终保持沉默。说起出租车，我记得有一期的《文艺春秋》上刊载了一篇题为“是什么催生了暴力出租车”的文章。在这篇文章中，作者写了以下内容：

询问出租车司机们“你为什么将开出租车作为自己的职业”，很多人都举出了以下三个理由：第一，可以挣不少钱；第二，无须操心；第三，无须向人低头。是否能挣很多钱，我不清楚，但他们一将“无须操心”作为理由之一，我就想“出租车司机难道不应该为安全而又快速地将乘客送达目的地而操心吗”，并因此觉得他们有些可怕。因为他们将无须向人低头作为第三大理由，所以在前座的背面贴小标签，也是理所当然的吧！

据说最近餐馆等地方会在入口处和出口处各摆一块电子广告牌，上面分别写着“欢迎光临”和“非常感谢！欢迎再次光临”。这可以说是人放弃生而为人的权利的其中一个例子吧！为什么人要用文字来代替自己说话呢？“因好说话或总是闲聊而觉得顾客一光临便说寒暄语很累人”这个借口，大概是无法成立的吧！令我觉得矛盾的是，很多人一方面感叹“生产的高度机械化使人的作用被忽视了”，并为人隶属于机器愤愤不平，而另一方面却采取放弃作为人类特权的用语言交流的生活态度。不想改变被认为机器胜过人的生活，只是渴望“像正常人一样生活”，大家难道不觉得有问题吗？

计算机正在发挥人无法发挥的作用。机器代替人工作的例子，也是不胜枚举。但是，正因为我们处于这样的时代，我们才必须研究哪些是只有人才能做的，并将它们守护到底。

刚出生的婴儿，无论给他们提供多么豪华的设施、多么柔软的衣服、多么有营养的食物，只要不给予他们爱，他们就无法健康成长。老人亦是如此，如果没有爱的呵护，即使将他们送入设施无比齐备的养老院，他们也不会因此而觉得满足吧！虽然现在越来越多的新药正在被不断研发出来，但消除人心中的憎恨和嫉妒的药，是不可能上市的。

毕竟只有温暖的人心才能安慰、治愈人心。据说现在自动贩卖机已能销售热腾腾的酱汤，我不知该喜还是悲。

愿人心温暖，也有力量。

说体贴的话语，展温暖的笑容

在去世前的一年间，在东京住院的母亲已彻底变成神志不清的人。她甚至连自己的女儿都已辨认不出。那个时候新干线尚未建成，因而每次我都是勉强腾出时间从冈山回去探望她。

即使离开前我和母亲说“妈妈，我要回去了，再见”，母亲也只是用奇怪的眼神看看说话的我，并在不久之后翻身朝向背对我的方向。有一次，身旁的护士长见我一看到面目全非的母亲便热泪盈眶，便在我离开前的数小时内，给我讲了如下体验谈。

这是一名男性患者在该医院做完大手术后在生死间徘徊之时发生的事。因觉得无法得救而被叫来的亲戚们，毫不客气地在病房谈论葬礼的细节和死后的善后工作。也就是在这个时候，这名男性患者的妻子走了进来，边流泪边对他们说：

“这些话，请不要说了。如果现在他死了，我都不知道我怎么活下去。”

数个月后，这名濒临死亡的患者奇迹般地活了过来。有一次，他边回忆过去边对护士长说了下面这段话：

“我看似失去了意识，其实我听到了他们在病房说的话。如果那个时候连妻子都觉得我即将死去，并加入到他们的谈话中，或许就没有今天的我了。正因为妻子说了没有我不知怎么活下去这话，我才觉得我必须活着。”

说完这个故事后，护士长用安慰的神情对我说：

“所以，您母亲也是看似听不懂，实则心里清楚得很。”

医学上对此如何解释，我不得而知。那天，在护士长宽慰过我后，我返回了冈山。两个月后，母亲去世。我想，如果我在今生最后一次见面的那一天和母亲说“请一定要为我活下去”，母亲或许会活得更长寿一些吧！当听到坏消息的我从冈山赶回家时，母亲已被安放在灵柩中，我看到了一张很安详很漂亮的脸。看到母亲如此安详，我想或许我无须再考虑母亲能否活得再长久一些这个问题了。

当我说我想去修道院时，母亲当然是反对的。当时她问我：“也不是身体不好，无法嫁人，是因什么伤心事而必须去修道院吗？”当她渐渐知道我是出于喜欢才想去后，依然觉得我肯定忍受不了修道生活，不久之后便会回家。她曾说：

“那个时候，如果我不在了，女儿就没有地方可去了。”

而且，她一直为那一天做准备，小心地保管着我的和服等物品。后来，我刚在修道院待了一年半，就被派去了美国。这个时候，母亲再次下了要长寿的决心。

等待我从美国归来的她常常念叨“在女儿从美国回来前，我必须好好活着”。

其实，哥哥家、姐姐家以及修道院都会热情地迎接我。但在身为明治女人的母亲看来，她必须给女儿留一个可以毫不拘束地休息的家。

但是，在结束美国近五年留学生活后回国的我，看到的却是一张十分衰老的脸。或许是已将四个孩子培养成人的安心感让母亲渐渐对自己存在的必要性失去自信了吧！母亲的变化让我意识到，对生活是否抱有热情，可以影响人的衰老速度。神谷美惠子先生曾在书中如此写道：“没有比给人以生存的意义更大的爱，也没有比从他人处夺走生存的意义更残酷的事。”我觉得她说得很有道理。维克多·弗兰克尔博士在其记录纳粹集中营生活的《夜与雾》中，引用了尼采的名言“一个人知道自己为什么而活，就可以忍受任何一种生活”。我认为，人确实是这样一种动物。

世上没有一个人是按照自己的意志来到这个世界的。正因为如此，大家都对“自己可以活下去吗”持有不安和疑问。如果这时不仅有人回答说“可以的，请活下去吧”，人们还能给予微笑、关注的目光以及暖心的话语，那这个不安的人一定会备受鼓舞吧！保罗·蒂利希（Paul Tillich）曾在《存在的勇气》中如此写道：

存在的勇气是一种肯定他自身的存在而不顾那些与他的本质性的自我肯定相冲突的存在因素的伦理行为。

只有在与自己的日常斗争中，诚实地告诉他人“可以活下去，请活下去吧”，才能给予人们存在的勇气。而这不是真正的好消息又是什么呢？

所谓忽视人的作用的社会，或许并不是指“没有这个人可不行”，而是指“即使没有这个人，靠机器也能完成”的社会吧！如果真是如此，那么人性的恢复是无法通过让高度发达的机械文明社会再次回到手工业、家庭工业的时代实现的。只有我们意识到我们每个人都具有不可替代的价值，并互相明确“不是机器或其他人可以替代的每个人的价值”，才能实现人性的恢复。

即使我们无法做到“‘给予’人生存的价值”等超过自己能力的事，我们也至少可以通过做出小小的努力让彼此拥有活下去的自信。所谓小小的努力，即在日常交往中，微笑待人，体贴人，说温暖的话语，展示令人觉得舒服的表情。对于我而言，做到这些也是我对最后一次与母亲相见时未明确说出“请为我活下去”的补偿。

爱也是需要成长的

有一天，我的一个学生拿着一张她丈夫的照片来找我。她丈夫刚刚只身到美国工作去了。照片中，她的丈夫和几个男女朋友正在开心地说着什么。

“太好了，他好像已经习惯了那里的生活了。”一听我这么说，这个学生表情严峻地说道:“我又不在他身边，竟然还过得这么开心，简直不可原谅。”他们的恋爱和婚姻都曾遭到父母的强烈反对，当时结婚还不到一年。而如今作为妻子的她，话语间流露出的与其说是寂寞，不如说更好像是愤怒。

我觉得爱真的是一件了不起的事。但是，真心去爱的时候，随之而来的是痛苦。和没有爱人时的寂寞不同，这是因爱而生的寂寞和痛苦。

自己不在爱人的身边，而他（她）每天却过得非常快乐。生气的同时，流露出来的却是“没有我的幸福是不能被允许的”占有欲和嫉妒。

为了能做到“即使没有我也要幸福开心”，需要深深的信赖和爱。此外我觉得还需要加上自立的心，也就是坚定心中那个“没有那个人，也能快乐地活下去的我”。尽管我们都希望能轻轻松松地过一辈子，但是，我们必须明白想把自己爱的人一直留在身边是根本不可能的事。

为了爱，就要学会一个人。“寂寞是爱”（loneliness is for loving）看上去好像很矛盾，但却是事实。

无论是父母对于子女的爱，还是夫妻、恋人、朋友之间的爱，都需要有这样的觉悟。为此，我们要明白每个人都是不一样的，无论谁都不是自己的所有物。

记得曾经因为在书中看到过“让爱解放”的标题而感到困惑。哪个时候的我认为，相爱的话，就应该希望把爱的人绑在身边，自己也甘愿被爱的人俘获。

然而真正成熟的爱应该经历从“束缚之爱”到“解放之爱”的成长。当我意识到这一点的时候，我已经历了许久的心理斗争。为了让爱能够长久持续，“信任之爱”是必不可少的一部分。

爱也是需要成长的。这种成长是从总想两个人合二为一，总想看清爱的人的所思所想、爱的人的世界的这种爱渐渐蜕变的过程。允许对方有只属于自己的世界，保持相应的距离，并用对爱的人的信任将这种距离填满，这就是成长了的爱。

请为餐桌上的会话多花些精力

曾有个美国女孩对我说：

“日本女人会花时间准备食物，却不怎么为餐桌上的会话做准备。”

我觉得说得很有道理。

记得刚入修道院的时候，我每天都为如何与人交谈而烦恼。当时，我虽然与多名修女生活在一起，但每天过着单调的生活——既不能看报纸，也不能与外面的世界接触。在这单调的生活中，我们在餐桌上谈话总是提不起劲，我也因此深刻体会到了其中的痛苦。

不是一个人侃侃而谈，或有人说应景的话，就能称之为“会话”。想要开展一场会话，谈话者之间必须有共同关心的话题。此外，如果没有与投接球练习相似的“你一句我一句”，会话也无法成立。

与只会倾听的人谈话，没有意思。而与只是单方面说自己想说的话的人谈话，会话也无法成立。

正如英语中的“conversation”含有“面对面”的意思一样，会话中必须有人把某些信息反馈回来。它与投接球练习的不同之处是，投接球练习是同一个球在练习者之间来回穿梭，而会话则是一边接住对方的“球”，一边把自己的“球”投回去的过程。

保持幽默感，是我们在会话中不可忘记的。保持幽默感，不是回避现实，当你同时拥有一双清醒睿智的眼睛与一颗如实接纳他人和自己的温厚的心时，幽默感才会出现。

在过去，人们都说“女人的话题仅限于一里之内”。但现在已不同于以往，现在已不用像以前那样花很多时间准备饭菜。因而，女性完全可以为准备餐桌上的会话多花些精力。

以惜物之心

我们可以认为，所谓节约，并不是指小气，而是指不浪费。如果小件衣物不用洗衣机洗，而是用手洗，就能节约水；如果勤快地关掉不需要的电灯，就能节约电。

稍稍操点心，可以减少日常经费，这自不用说。与此同时，对保护地球上有限的资源、阻止环境破坏，也能发挥一定的作用。

小时候，我常常听母亲说一些谚语，而“图便宜白扔钱”便是其中之一。这句谚语不仅让我戒掉了冲动购物的坏毛病，还让我懂得了一点：买东西应买好东西，买完后应珍惜。

如今是一个把经济发在首位、以消费为美德的时代。在这样的时代，人们创造出了很多“用完就扔掉”的一次性商品。而这些一次性商品也慢慢地“夺走”了我们的珍惜之心。我们不再珍惜人或物，有时甚至连人的生命，我们都视为“用完就扔掉”的东西。

于是，节约就成了我们必须找回的美德之一。找回节约这个美德，不仅有益于保护地球上的资源，还有益于培养我们珍惜人和物、与人分享东西的爱心。

凡是人，都有无穷无尽的欲望。想随心所欲地使用东西，想不断地获得新的东西……当我们学会控制这些欲望，忍受小小的不自由，养成节俭生活的习惯时，因欲望无法满足而感受到的“痛”，就会变成“爱”。

耶稣的遗言之一是“你们要彼此相爱”。这句话不仅劝诫我们，人与人之间要友好地相处，不要互相憎恨，还告诉我们不应对彼此漠不关心，应留意那些不具备节约美德的人的存在，并边替他们感受小小的“痛”边生活。

我希望大家记住：只有温和的微笑、美丽的语言、若无其事的关怀、彬彬有礼的举止、知道害羞的谨慎态度，可以让女性更美、变得招人喜欢——这一点从古至今都没有变过。

Part 2

成为优雅、美丽，有品格的女性

成为美丽的人的三个条件

真山美保（译注：日本剧作家、舞台导演）在她的作品中讲了一个名为“泥芜菁”、长相丑陋的女孩的故事。因为泥芜菁长得很丑，所以她不仅经常被村子里的人嘲笑，还常常被孩子们扔石头、吐唾沫。于是，觉得特别窝心的这名少女，不仅内心变得越来越颓废，脸也变得越来越难看。有一天，一位游玩路过村子的老爷爷对以暴跳如雷的姿态挥舞竹棍的泥芜菁说：“只要满足以下三个条件，你便能成为村里最漂亮的人。”说完三个条件后，老爷爷便继续旅行去了。这三个条件是：

一直保持微笑

不以自己的丑为耻

设身处地地为别人着想

听完这三个条件后，虽然泥芜菁的内心极其不平静，但在一心想变美的愿望的激励下，当天她便开始拼命实践这三点。在实践的过程中，泥芜菁曾数次想放弃，但每一次都成功地击败了那个想放弃的自己，并让自己继续实践下去。渐渐地，憎恨的表情从她的脸上消失了，她的内心变得越来越平静。于是，因变得开朗而备受村民欢迎的她，被委以重任——看小孩。

有一天，泥芜菁得知有一个与自己年龄相仿的女孩即将被人贩子买走，作为这个女孩的替身，她心甘情愿地被人贩子带走了。在路上，泥芜菁开心地对人贩子述说村子的样子、自己喜欢的婴儿们的模样。说着说着，便打动了这位原本十分凶残的人贩子。最终，这位人贩子独自离去。在离开前，他留给泥芜菁一张纸条。在这张纸条里，写着这么一句话：

“谢谢，你是一个像神一样美丽的孩子。”

看到这句话时，泥芜菁才真正理解之前那位老爷爷对自己的建议。

一直保持令人愉悦的微笑

我觉得，我们面部的美，与其说是指五官端正的美，还不如说是指靠自己努力塑造出的美、有生命力的美。端正的五官、漂亮的脸形，是与生俱来的东西，而美丽的脸，是在生活中形成、被我们“雕刻”而成的。有人说，男人的脸是他的人生履历书，女人的脸是她的付款通知单。认为女人的脸是付款通知单，或许是因为女人的脸是靠花费不菲的化妆品等东西保养出来的吧！其实男女的脸并无区别，都只是内心状态的表现而已。我想让自己更加重视随年龄不断增加的美、自己的素颜美。

微笑，很便宜，无须你付钱，

但对对方而言，却拥有很高的价值。

微笑可以使接受者的生活变得丰富，

而微笑的人却没有任何损失。

微笑会像闪光一样转瞬间消失，

但会永远留在人的记忆中。

如果没有微笑，无论你多么有钱，都是贫穷的。

无论你多么贫穷，你都能因你积攒的微笑功德而变得富有。

微笑能给家庭带来平安，为社会增加善意，

培育出人与人之间的友情。

微笑可以让疲惫的人获得休息，给失望的人带去光亮。

微笑是太阳，给悲伤者带去温暖。

微笑是天然解毒剂，为我们消除心中的各种担忧。

微笑无法用钱换取，

也无法请求他人赐予。

微笑无法被借走，也无法被偷走。

因为微笑是自然流露的东西，在给予之前并不存在，且也没有价格。

如果，你无法得到你所期待的微笑，

与其不开心，

不如先冲他微笑。

实际上，忘记微笑的人，

最需要微笑。

这首诗是过去的一位朋友送给我的。我觉得最后几行告诉了我们一个非常美的真理。如果我们得不到自己所期待的微笑、问候、温和的话语，我们往往容易不开心，涌现出“怎么能这么对我呢”等想法。但是，如果我们仔细想想，就会发现，不会微笑的人，才更需要我们主动对他微笑，而主动对人微笑体现的是我们的体贴和不被对方的态度所左右的自主性生活方式。

“一直保持微笑”，这句旅途中的老爷爷送给泥芜菁的话，或许可以解释为“要先冲人微笑”吧！所谓“一直”，即意味着无论是被村里的顽童嘲笑或欺负的时候，还是孤单寂寞的时候，抑或是无法得到对方的微笑的时候，都要让自己保持微笑。

当我们痛苦的时候、孤单寂寞的时候，希望别人对自己微笑的情绪就会变得更加强烈。但是，即使我们得不到对方的微笑，我们也没有权力责备对方。你想看到别人的笑脸，或许他人也有相同的愿望。我觉得，这时自己先迈出最初的一步，是取胜的关键。当你因心情沉重而觉得自己无论如何也无法微笑时，应该告诉自己：我没有用自己的黑脸给他人的生活蒙上一层阴影的权力，虽然尽量笑着与擦肩而过的人、和我说话的人接触，不是件容易的事，但也不是无法做到的事。因为这些话是说给自己听的，所以并不存在欺骗。

微笑不是未经受劳苦之人、未遭遇不幸或灾难之人的特权。而且，在经受过劳苦、遭遇过不幸或灾难之后绽放出的微笑，反倒比自然呈现的微笑更美丽，更具有使人的内心变平静的力量。虽然人被赐予了各种各样的力量，但在这些力量之中，最棒的力量，不就是赋予事物以意义的力量吗？在痛苦中也能发现价值、懂得感恩，且在逆境中也能微笑的，才是人。

“所谓人的自由，并不是指可以免于诸多条件限制的自由，而是指在面对这些条件限制时，人有决定自己存在状态的自由”，是维克多·弗兰克尔（译注：奥地利心理学家）曾说过的一句话。我觉得，正是这种自由，使“人一直保持微笑”变成了可能。

敢于接纳不完美的自己

现代是一个比较生活（comparative living）的时代。在这样的时代里，人们常常与他人做比较，并因此觉得满足或不满、幸福或不幸。我切实感觉到，没有什么时候比现在更需要我们实践旅途中的老爷爷所说的第二个条件（不以自己的丑为耻）了。

《圣经》中写了一个关于塔伦特（塔伦特是古罗马的货币单位）的故事。这个故事是这样的：某位主人在去远游前，分别将五个塔伦特、两个塔伦特、一个塔伦特交给三个仆人保管。过了很长一段时间后，主人从外面回来，让仆人们向他报告用各自保管的塔伦特赚了多少。因为保管五个塔伦特和两个塔伦特的仆人分别将塔伦特增加至十个、四个（均赚了一倍），而保管一个塔伦特的仆人则未赚一文，所以这位主人表扬了前两个仆人，重重地惩罚了第三个仆人。

或许我们也能像这则寓言故事所说一样，将自己拥有的才能视为“让自己保管的东西”“上天赐予的东西”吧！无论我们拥有多少才能，我们都不应羡慕比自己拥有更多才能的人，或小看比自己拥有更少才能的人，而应在要求我们报告用各自保管的才能做了多少事的那一天突然来临前，在自己能用自己的才能为社会、为他人做多少事上多用心。我们不应以保管数额的多寡为耻，而应以自己未赚一文为耻。

“谦逊即真理”，是外国的一句谚语。这是觉得谦逊是贬低自己、自惭形秽的表现的日本人必须仔细思考的一句话。毫无疑问，它与“骄傲自满”无关。但与此同时，它也不是指我们故意贬低真正的自己。

在家长会等场合，我经常能看到这么一类人：他们假装自己很谦逊，边说“我是无论如何也做不到的”，边把工作推给他人，而自己则作为批评的一方，一看到事情出点小差错，就严厉地指责做事人或说做事人的坏话。如果你是真正谦逊的人，你应该就会以不害怕失败的姿态接受自己力所能及的事，并将超出自己能力范围的事交给他人。如果你以自己做不到为理由将工作交给他人，你可以从旁协助他们，但不可批评他们。当他人失败时，你满怀同情地说“连他都失败了，要是我做，估计会败得更惨吧”，也是很正常的做法。

虽然说起来容易，做起来难，但知道自己的真正姿态，是件非常重要的事。认识自己，对于人而言，或许既是拥有智慧的开始，也是此生的最终目标。每天经历的各种事情，只有被列入“自己”这个体系中，才能汇聚成一个整体。当每件事都有助于我们更清楚地了解自己时，即使这是一件给我们带来痛苦的事，我们也能将不幸、灾难视为“宝贵的经历”。

经自己确认的事情、源自自身经历的知识，都拥有已经过检验的准确性。我们自出生以来，接受了来自父母、兄弟姐妹、老师、邻居、朋友等各种各样的人的评价。在这些评价中，既有正确的评价，也有仅仅是他们的期待、其实与真实的自己相差甚远的评价。“你很聪明”“你有忍耐力”“你很散漫”“你以后能当领导”……这些评价已成为我们形成自我概念的基础。而我们每天的经历，既可以让它们的确信度更高，也可以推翻它们。如果我们能以一颗柔软的心接受它们，并逐渐形成更为准确更接近现实的自我概念，便意味着我们正在成长。

当无论事实如何，你都坚决不改变虚构的自我概念时，防御机制便会在你的身体中形成。这是一种因你以自己的真实姿态为耻、不接受真实的自己而出现，且常常通过责备自己以外的人、编借口拒绝审视自身姿态的机制。如果患有癌症的人，不但不承认“自己已患上癌症”这个事实，还硬说这是医生的误诊，自己患的是其他病，那么癌症不仅不会好，不久之后还会恶化至连医生都觉得束手无策的程度。因为这个道理也适用于我们的精神健康，所以我们不能以患有精神上的癌症为耻，必须意识到不想承认患病事实的自己是存在问题的。

不以真实的自己为耻，绝不是说我们可以满足于自己一直保持出生时的素朴状态。因为我们不可将真实的自己隐藏起来，并表现出虚伪的一面，且与此同时我们必须不断地成长，所以如果我们想示人以飞速成长的姿态，也是难以办到的。其实，将成长的过程直接展现给他人看即可。在年轻人们之间，存在认为“所谓诚实，即让自己保持纯天然的状态”的倾向。我觉得这是一种错误的想法。在我看来，作为应不断成长的存在的人的诚实，存在于忠实于自己的成长过程中，能在与自己永无止息的斗争中得到证明。

直面自己不想看的自我姿态，必须具备一定的勇气。保罗·蒂利希（译注：美国籍神学家、基督教存在主义者）在其著作《存在的勇气》中写了这么一句话：

> 勇气是一种肯定他自身的存在而不顾那些与他的本质性的自我肯定相冲突的存在因素的伦理行为。

确实，这样的勇气与跳入火中、水中的勇气是存在差别的。或许我们可以说它是一种无论多远的未来都要求人具备且无论谁都无法将它视为理所当然之物的勇气吧！如果我们坚信自己是这个世上无人可替代的唯一，即使我们讨厌自己，这份坚信也会给予我们继续生活下去的勇气吧！而且，通过让自己以外的人认为自己是这个世上的唯一，我们还能收获活着的自信。

正在恋爱的人必定会变美，一定是因为他们开始对自己的价值持有自信。不是因为自己的财产、家世而被爱，不只因自己具备美貌、才能而被爱，而是被爱着包括缺点、弱点在内的所有一切的人，是幸福的。因为容貌会衰老，财产会消失，只有自己会一直存在下去。

设身处地地为他人着想

设身处地地为他人着想，体现的不就是内心的从容之美吗？这种从容与经济上或时间上的宽裕不同，它是一种即使你很穷很忙也能将他人装入心中的从容。要问人是不是只要一直以自己为中心行动就能收获幸福，答案是绝非如此。其实，当我们忘了自己，埋首于所做之事时，反倒更容易收获充实感和幸福。

有一天，门徒们问耶稣：

“老师，您说的爱是什么？”

耶稣回答道：

“所谓爱，即为别人做自己希望别人为自己做的事情。”

希望被理解的人让自己先成为理解他人的人，觉得被安慰很开心的人让自己也对他人说温柔的话语，与他人分享被爱着的喜悦，便是爱的体现。可以直接打动视觉和听觉的东西越来越发达的结果是，人逐渐丧失了想象力。在丧失了想象力后，人们不仅会因不考虑自己的话语对对方产生多大的动摇或伤害而说未经准备、不负责任的话，还会因不关心自己的行为会给他人带来什么影响而增加随意行动的次数。将收音机的声音开得很大，在街上乱开摩托车，随地扔废纸，将垃圾扔得到处都是，等等，都是随意行动的表现。如果我们拥有一点想象力，拥有一颗推己及人的心，应该就会将捡起自己掉落在面盆上的头发、在离席前将自己使用的椅子回归原位视为理所当然的事了吧！遗憾的是，现在的我们都太自私了，都只会替自己着想。其实，捡起掉落的头发，将椅子回归原位，不是多管闲事，而是体贴的表现。这种体贴，是一种严控自己不多事的体贴。换言之，这是一种严控自己产生自我满足情绪的体贴。

不论是微笑，还是正确的自我认识、体贴，都不是与生俱来的东西。我们每个人都应像泥芜菁一样，边与自己做斗争边让自己逐渐成为一个爱微笑、爱体贴人、对自己有正确认识的人。其实，我们每个人都是“泥芜菁”，我们都应该将老爷爷说的话视为老爷爷对我们说的金玉良言。

有品格的交谈

——不说闲话

现在，电话、邮件等各种媒体作为沟通工具，已十分发达。但是，其实不论是东方还是西方，最早流行于世的都是女性陪聊员（tell-a-woman）这种媒体。只要我们使用该媒体，就会有人边笑边和我们说话。或许我们也可以将它称之为“女人的闲聊”吧！

男人是否爱闲聊，我不知道，但女人间爱交谈闲话，是大家公认的。虽说只要是没有涉及犯罪的闲话，便可以聊，但因此而痛苦的人、哭泣的人，也有很多。大家虽然都知道偷他人的财产或杀害他人会受到法律的制裁，却不知道：每个人花很多年辛苦攒下的“声誉”或“名气”也是很宝贵的财产，损害他人的声誉或名气，与小偷偷走该人的财产无异，而杀死人的精神生命是不次于杀害肉体的恐怖行为。

我们总会遇到很多爱说人坏话的人，而遇到爱表扬他人的人的机会，却如同雨夜中的星星般稀少。我们周围确实存在爱表扬他人的人。但是，他们说的表扬话，大多是露骨的恭维话或含有恶意、带刺的话。这可能是因为他们觉得自己和对方开展的是拉锯战，一表扬对方就会降低自己的价值吧！爱说人坏话的嘴、爱听坏话的耳朵，当你直率地表扬他人或倾听他人对你的表扬时，好像也会出现功能暂时性减退的现象。

我试着思考了一下人们在说坏话时持有的心理状态：有时，人们会使自己的行为合法化，在心里告诉自己“我没有说坏话，只是把事实说出来而已”；有时，人们会回击说自己坏话的人；此外，人们还会通过借他人之口“坦白”自己的缺点让自己心安，而在这之后，说坏话的人便会以此为证据，对缺点夸大其词——这样的经历，无论谁都有过。

从前，有一名因爱说人坏话且经常散布不实谣言而给近邻带来困扰的女子。后来，这名女子受到了良心的谴责，对自己散布不实谣言的行为有了忏悔之意。有一天，牧师对这名毫无改变的女子说：

“作为赎罪，请扛着你家的鸭绒被爬上小山，并在山顶拆开被子吧！”

第二天，这名女子向牧师报告说她已按照他的吩咐做了。于是，牧师命令她说：

“请再去一次小山，将被子恢复原样。”

这名女子诉苦说，将被风吹得四处都是的鸭毛重新收集起来，是一件无论如何也做不到的事。我们从这个故事也可以看出，让爱散布不实谣言的人意识到谣言如同被风吹走的鸭毛一般，也没有那么难。

在所有媒体都发生日新月异的变化时，那些仍旧在说着闲话的女人如果不顺应时代的需求改良性能，或许就会落后于时代吧！

沉默是一种美

新的一年又拉开了帷幕。回想幼时我在除夕写的日记，满满的都是自己下定的新年决心。比如，当日事当日毕，不顶嘴，要早起等。我发现，和那时候相比，最近的自己已不怎么下决心了。虽然决心也有“为破而立”这种不太正经的说法，但我觉得我们还是不能忘了“我们有时应认真地下决心，并尽量恪守决心”这一点。

可以说，美丽是女人的生命。虽然过着清净的生活，无论是华美的装束，还是漂亮的妆饰，都已与我无缘，但我还能使用美丽的语言。使用美丽的语言，不是指频繁地说高级的敬语，而是指在尽量选用好听的词的同时，说恰当的话。这种语言，也是一种专属自己，并包含不伤害对方的体贴在内的语言。我记得因实践小提琴的早期才能教育法而闻名日本的铃木镇一曾说过这么一句话：

大家应先培育感知自己的语言是否会伤到对方的能力，如果能培育出这种能力，你便能欣赏巴赫、莫扎特的音乐之美。

为了不输于其他孩子而支付高昂的学费、购买高价乐器，让自己孩子去音乐补习班学习乐器的父母们，或许应该好好品味这句话吧！

当今社会，只要有钱，无论谁，都能穿华丽的衣服，住豪华的房子，乘私家车外出兜风或去外国旅行。在这样的社会中，语言应该是能体现教养的细节之一吧！我希望自己成为除了会说流行语外，还拥有丰富词汇的人；成为除了不会胡乱使用外语外，还能用美丽的日语与人聊天，并根据自己的立场正确使用敬语的人。是否能直率地表达自己的情感，让他人了解自己的想法，是一个已与语言知识无关，而是关乎说话人的品格的问题。适度控制感情的自制力、客观地看待事物的判断力以及富有个性的生活，或许已成为我们的必需品吧！人在说话前是自己语言的主人，但一旦说出口，便只能成为语言的奴隶。为此，说话前是否经过仔细思考，显得至关重要。

大家可能会觉得这是一种矛盾的说法，但确实有时为了让自己的语言显得得体，以及让自己使用美丽的语言，我们必须沉默。这种沉默既不是一语不发的沉默、只顾自己的沉默，也不是因怕祸从口出而保护自己的沉默，而是为让自己说出丰富的语言而给自己的一段准备时间，为让自己提前倾听将要说出口的话语而静下心来的一个片刻。

我觉得，女人沉默时尤其美。我喜欢那些寡言，但内心分明厚实的女性。她们是心中隐藏一面海水的人。我们应让自己学会边微笑边优雅地沉默。我想以这个新年为起点，今后好好重视先于话语出现的沉默。

知性、雅性、独立的女性招人喜欢

就像“百人吃百味”这句谚语说的一样，我觉得招人喜欢的女性，别人可能不这么认为；招异性喜欢的女性，也可能被同性厌弃。以这一点为前提，我总结了知性、雅性、独立性这三点特性。

知性（持有平衡感）

聪明的女性优于愚蠢的女性，这没错。但是，我们不能断言说，学历高的女性优于学历低的女性。之所以这么说，是因为知性并不是学历的同义词。所谓真正的知性，其实是指一种睿智。拥有这种睿智的人不仅懂得区分什么重要、什么不重要，能排出优先次序，还知道“通过努力可以改变的东西”与“必须心平气和地接受的东西”的区别。我认为，这种睿智即平衡感。

平衡感是我们处理事情时必须具备的感觉，这自不用说。与此同时，它还是人际关系中不可欠缺的安全阀门。就像开车时只有保持适当的车间距才能既安全又快速地行驶一样，如果在人际关系中不持有可称之为“人间距”的距离感，就会有突然起冲突或被追尾的危险。而知性指的便是这种使距离不过远也不过近、根据对方反应和形势随时调整距离的睿智。

人偶尔可以撒撒娇，但不可过度。虽说将儿童时代被允许的撒娇行为一直保留至成人时代，并不是件好事，但如果不会在合适的时候撒撒娇，有时反而会让人觉得过于死板。每当想起生前的母亲，我就想：“要是母亲能和嫂嫂撒撒娇就好了。”这种想法不知出现了多少次。我的母亲是一位以“不麻烦别人”为座右铭和骄傲的明治女性。但是，无奈的是，一过了 80 岁，母亲的体力就大不如以前。我常常想，体力不行但性格依然好强的母亲，其晚年生活该多么寂寞。

即使是年轻人，也最好拥有一颗柔软的心，懂得接受别人的好意。尤其是女性（这么写，可能受到女权论者的批评），更不应过于摆架子，在领会别人的意思后，还是适当撒撒娇为好。

但是，撒娇不可过度。也就是说，我们不能总是接受别人的好意。这个时候，是否拥有人际关系中的平衡感觉就显得至关重要。

我一直认为人的魅力就体现在两极之间的紧张及其平衡之中。就像老人拥有充满孩子气的感动、年轻人身上有一股让人意想不到的成熟味道一样，在“一直承蒙您照顾”的柔软态度中，也藏着随时说“即使不再给予照顾，也无所谓”的强大。在这股强大之中，不仅有紧张感、新鲜感，而且，还有看似依赖他人，实则即使抽走外力也无所谓的心中打算。过度撒娇的人，是把整个身体委托给对方、完全依靠对方的人。或许有的男人希望自己的心爱女孩是这样的人。但是，你必须知道，这种程度的撒娇，很可能会在不知不觉间成为对方的沉重负担。

聪明的女子都拥有“切断感情”的强大力量。这是一种虽拥有丰富的感情但不沉溺于其中，并懂得如何进行恰当处理的能力。让人觉得悲伤的事情、让人觉得遗憾的事情……我们通常需要依赖各种各样的经验生活，而她们却想直接感受其中的滋味。但是，总有因一直“玩弄”感情而无法站起来的时候，而这只不过是平衡感略有欠缺的表现而已。毕竟无论是谁，都没有权力因自己不快活而让别人的生活陷入一片黑暗之中。

雅性（保持一份从容）

所谓“雅性”，即优雅的“雅”，与粗野、粗俗等完全没有关系。与此同时，即使是特意摆出一副优雅的样子，它也不是一种做作的行为，而是一种可以催生出内心从容的美，是内心高贵的表现。

在某小学的同学会上，发生了这么一件事。在小学毕业近 50 年之时，曾经在同一班级一起学习、一起吵闹的同学，都各自走了一条完全不同于别人的道路。在这些人之中，既有已成为大使夫人的人，也有毕业后一直在农村务农的人。当西餐的全部菜品上齐后，大家开始聊得越来越起劲。水果被端上来的时候，为洗手而准备的洗指钵也同时放在了一旁。看到装着清水的亮晶晶的银器端上来后，在农村住了有 50 年之久的那位同学，从容地端起洗指钵，将里面的水一饮而尽。在大家都紧张地看着她的时候，坐在她旁边的大使夫人，一声不响地端起洗指钵，将里面的水喝尽。我想说，那个时候的大使夫人真美！而这种美，正是我们说的雅性。这虽然是一种有背礼仪的行为，但它符合当时的“礼法”，是为不让对方蒙羞而突然做出的体贴之举，是优雅的最佳表现。

“想引人注目”可以说是当下年轻人的一大特征。想要引人注目，其实并不需要穿奇装异服、戴古怪的首饰。现在，最能引人注目且能给人留下好印象的是，以优雅的姿态示人——优雅这种日本女性的特性正在逐渐消失。不论是提倡男女同权，还是颁布男女雇用机会均等法，都是好事情。但是，我希望大家记住：只有温和的微笑、美丽的语言、若无其事的关怀、彬彬有礼的举止、知道害羞的谨慎态度，可以让女性变美、变得招人喜欢——这一点从古至今都没有变过。

世阿弥（译注：日本室町时代初期的猿乐演员与剧作家）在《风姿花传》（译注：由世阿弥创作的能剧理论书）一书中曾提到：“秘则为花，无秘则无花（译注：

意思是不要将一切都袒露无遗，没有完全表现出的地方反而会吸引大家的兴趣和好奇心）。唯知其中区别，方可成重要之花。”正如这句话所言，女性想成为人见人爱的花朵，必须披上神秘的面纱。就像肉体的过分外露已不再吸引众目一样，精神层面的魅力现如今也只存在于“持有隐藏物”的人身上。什么可以和别人说，什么应该藏于心中，什么可以表露出来，知道其中的分寸并在应批评时控制住感情的行为，可以说是内心不随波逐流、从容淡定的表现。

我经常和学生说：“正因为麻烦，才要去做。”这种表达方式或许会让人觉得奇怪，但只有反复这么做，我们才能收获“美丽”。

脱鞋后将鞋摆放整齐；为后面进来的人按住门；与人打招呼的时候，即使觉得麻烦也要摘下手套、拿下围巾，有时甚至要脱掉外套。做这些事，你虽然得不到一分钱的好处，但是你将逐渐蜕变成为招人喜欢的人。礼节不是形式。它是在你的意志与避难就易的肉体进行一场斗争后，你收获的胜利果实。在你与自己激烈斗争后，被称为“雅性”的这种特质，便成了你的战利品。在斗争结束、日暮降临的时候，你将感受到从未体验过的“平静之美”“从容之美”。

当你带着这份平静和从容微笑的时候，你的微笑对别人而言往往具有“疗伤”的功效。

如果你无法像期待中那样

得到他的微笑

与其不开心不如

你先对他微笑

因为实际上

最需要你对他微笑的是

那些忘记微笑的人

大约在20年前收到的这首小诗，曾数次拯救内心陷入颓废泥潭的我。与其说这首诗的意思是，我们既不可卷入对方的步调中，也不可让自己降至对方的水平，倒不如说，它想告诉我们，同时拥有体贴别人且不迷失自我的强大与优雅，是女性具有魅力、拥有财富的体现。

独立性（自立）

“我可以不成为某个谁”，这种认同自己存在的安稳感，是我们具备安稳性的基础。被按照利用价值标上“价码”，并为售价稍高于别人而开展竞争，是求职前线常见的现象。不仅如此，如今在婚姻大事上，人们也以这种方式开展竞争。可以说，正是偏差值教育的实施，使我们成了在不断与人比较中才能找到自我价值的人。这样的我们，在将别人看成与自己不同的人之前，往往先将他视为“威胁自身价值的存在”。

在我的心中不开别人的花
在别人心中不开我的花
在我心中开放着我的花
日渐枯萎的花……
看似微风都可以将花瓣吹落的
脆弱的花
尽管如此它是一朵
依然努力地绽放自己的脆弱的花
我想用这样的花装点生活
（矢泽宰）

确实如此。我们“想用来装点生活”“想放在近旁”的花，是靠自己的力量使之绽放的花，而不是打着如意算盘、靠别人之手使之绽放的花，也不是在与其他花比较下显得高等或低等的花。这是一朵因知道不久将凋零而拼命在“当下”绽放的花。有句诗叫“心中念想，花就开放”，我一直带着不可思议的感动，将“念”理解为“今之心”。

不要为明天忧虑

因为明天自有

明天的忧虑

一天的难处

一天当就够了

如花朵般不与他人比较、只在所处之地一个劲儿地绽放自己的女性，才是真正知道爱自己的女性。爱自己并不是利己主义的体现。它与利己主义正好相反。利己主义者，因为只爱迷人的自己，所以总是意识到他人的存在，总是想把自己放在他人之上。而真正爱自己的人，因为对自己的存在心怀爱意，所以无论是做幕后英雄，还是被放在背阴处，她最关心的事都是“绽放”自己，而不是与人做比较。这样的人，便具备了心怀自立感的独立性。

别人看见也好

没看见也好

我都在绽放

在“别人看得见”的地方，我们可以看到花的率直一面，而在“别人没看见”的地方，我们可以窥见花的强大。正是这种平衡，创造出了美丽的独立性。

花的这种姿态体现了并非不理睬他人的评价，而是不拘泥于他人评价的自立之美。

艾瑞克·弗洛姆（译注：美国人本主义哲学家和精神分析心理学家）曾说："独处能力，是具备爱人的能力的条件。"正如他所言，想要具备独立性，我们必须拥有忍耐孤独的强大心理。而锻炼孤独忍耐力的最佳方法是，让自己永远"喜欢自己、爱自己"。

虽然奥尔波特（译注：美国人格心理学家，现代个性心理学创始人之一，美国人本主义心理学家的代表人物之一）将幽默定义为"笑你所爱的东西并能一直爱下去的能力"，但在我看来，边客观地审视自己（审视无论怎么看都笨拙的自己、连自己都厌烦的自己），边将自己视为人世间不可替代之人的自爱能力，才是幽默的正确阐释。这是一种让自己成为受欢迎的人的能力。女性与"喜欢的人"在一起时表现出来的开朗和热情，是她们具备独立性的秘密武器。

让同性写"讨人喜欢的女性"是件困难的事。因为写着写着，我们便会或陷入自我厌弃的泥潭中，或不得不写下一些对好友的偏见、"如果像我这样，就会如何"的劝说语等。

正如前文以"百人吃百味"开头的那段话所言，人与人各不相同，而且正因为不同，社会才能形成并一直存在下去。"破锅配破盖""既有舍弃你的神，也有眷顾你的神"等日本的古语，也表达了存在不同的合理性。但是，无论多么不同，知性、雅性、独立性都是最大的公约数——我已分别用平衡感、从容感、自立感阐释了这三者。

或许不边想着“我要成为受欢迎的人”边生活，才是我们应该做到的最重要之事。虽然我们也没必要抱着“想被人讨厌”的想法生活，但最好不要持有想让所有人都喜欢你的想法。因为迎合众人的结局是“迷失自我”。

某位钢琴家曾说：

> 我弹钢琴，既不是为了自己，也不是为了听众。因为我是对着天弹的。

听到这句话，或许你会觉得意外，但受欢迎的女性，往往是按照以上这种生活方式生活的人。这种女性，既不是只为自己而活，也不是只为别人而活，而是面向天空，边接受上天的“目光”，边怀着感恩之情过好每一天。希望大家都成为这样的人。

修容，更要修心

过时的修道服，是他人避开我们的原因。因此，很多人都说我们应该换上普通的衣服。那是不是我们一穿上流行服饰，学生们就真的会蜂拥而至，并异口同声地对我说“我想听您说话”呢？

如果真有什么东西导致人们避开我们，这种东西应该不是修道服，而是穿着修道服的人吧！

诚然，有的修道服的确就像18世纪的服装一样。因为修道服的简化、新式化，是对梵蒂冈公会议的教令置之不理的表现，所以我们对修道服的改革是大为赞成的。不过，伴随改革而来的诸多问题，我也想思考一下。

抻开灵魂的小皱纹

正如有的杂志直接以“女性与服装”命名一样，“女性”和“服装”存在无法分割的联系。每当看到女性对服装的执着追求，每当听她们说她们对服装的喜爱，我就会想，或许这是女性的“恶性”之一吧！正因为至今我一直是一名修道者，所以我从思考穿什么服装的“不自由”中解放了出来，并为追求内心的自由而选择了修道生活。

如果修道者群体不是怪人的汇集（怪人也含有不修边幅之人的意思），且修道生活不是社会落伍者（即因失恋而厌世的人、没有谋生能力的人或谁都不理睬的缺乏魅力的人）迫不得已的选择，一旦内容写着“请修道者脱下修道服，换回便服”的布告公之于世，修女们就很可能回归女人的姿态。如果真的发了这样的布告，修女们就会对穿上适合自己的衣服充满期待，会考虑衣服的颜色、样式、流行趋势，担心内衣的舒适性，并最终在心里盘算出每套衣服所需要的费用。因为如果被要求必须融入社会、出去传教，修女们就必须穿上不显眼、不奇怪的服装。如果不想落后于时代，那就更不得了了：如果流行穿迷你裙，就得把裙子剪短；如果流行穿长裙，就得把裙子变长。到时候，“与其在好一阵手忙脚乱后成为笑柄，不如因一直穿‘18世纪式服装’而被人嘲笑”的想法，或许会成为性情乖僻之人逃避现实的借口吧！

让易呈中性化打扮的修女重新恢复女人的姿态，让她们的人生变得更丰富，是一件很重要的事。但是，正如“有人性”和“有人情味”是存在差别的一样，“像女人样子”和“有女人味”也是存在差别的。

迄今为止我们穿的修道服为我们隐藏了很多东西。比如中年发福的腰、平缓的胸线、松弛的咽部肌肉、额头上的皱纹、稀疏的头发，等等。当必须将这些呈现出来的时候，修道者们从此会讨厌夸示自己的灵魂修行成果。世间的普通女子，每天数次边照镜子边叹气，并为消除小皱纹而煞费苦心，为让自己显得更美而废寝忘食，为练美容体操而拼命。而修道者们则将普通女子花在外表上的这些时间用在了灵魂小皱纹和由中年安逸生活导致的内心松弛的去除上。

生活越自由，内心越自律

修道者的生活越是变得自由，越是接近普通人的生活，我们越应在自己的心中点起一盏“明灯”。我们必须学习谦卑柔和，重现投向罪恶者、烦恼者的温柔眼神，并努力向寻求帮助的人慷慨地伸出援助之手，向正在等待帮助的人不知疲倦地奔去。换言之，如果我们不以基督教徒的名义努力让自己成为另一个耶稣，我们就容易成为贪享终身雇佣的安逸、不关心生活残酷的老姑娘。从这个意义上说，改变修道服的问题，也是对生活态度敲响的警钟。

如果修道者胡乱使用流行语并将这种行为称为“开悟”，因自卑而贬低修道生活，以社会学习的名义外出走动，并将自己称为“新型”修道者、梵蒂冈公会议精神的实践者，我们或许就可以说她们已犯下一个天大的错误了吧！

“虽然修女的服装已变得很时尚，但想法依然很陈旧。”

这类话，凡是修道者，无论年老者还是年轻人，都必须正襟而听。

所谓开悟，不是指你成为所谓的理解能力强的叔叔或阿姨。我记得在造反教师聚集在某公会堂告发各自大学的期间，修道院曾对我们公开由东大全学共斗代表山本义隆寄来的话语：

连自我抗争都不想开展却装作十分了解你们的纯洁感受的教师，仅仅是和自己无缘的存在。

“连自我抗争都不想开展”，修道者是不是应该以修道者的身份思考这句话呢？实际上，不努力让开悟时可以看到的自我姿态向耶稣的姿态靠近的做法，以及认为直接展现素朴的自己便是诚实的表现的想法，是错误的。即使这是懒汉的行为，也无法得到规定必须向天父的完美靠近的人的宽恕。

将修道服换为便服时，人们要求修道者具备与便服相称的世间常识，做一个合乎礼仪、通晓法规、擅长做学问、已舍弃精英意识的谦虚市民，也是理所当然的。以清贫为美名的听其自然的生活，是否会让修道者成为不知社会的残酷、脱离常识的人，以及特殊的共同生活是不是会让修道者掌握的言语措辞、礼法成为半途而废或粗糙的东西，是我们非常在意的。

修道者的问题看似很小，但实际上它会产生各种各样的影响。有人认为，因为上帝将每个人创造成独立的存在，所以应该废除制服，让修道者穿能展现个性的服装。但是，制服扼杀个性的命题，是正确的吗？我反倒觉得我们的个性正是通过制服体现并绽放光芒的。

“修道服不是创造修道者的东西。”

我觉得这是至理名言。但是，我们也可以用相同的理论说“修道者无论穿什么，都可以，换言之，修道者也可以穿制服”。其实，人的问题才是关键问题。

理性、优雅、温柔、强大

——女性领导者应该拥有的魅力

持有能力才是最重要的

如今，女性不仅地位得到了大幅度的提升，在社会上发挥的作用也越来越明显。但是，在世界各地，人们对女性发挥领导作用这件事依然持抵触情绪。

这应该和本人持有的才能、适应能力等无关，而是由长年扎根于本国文化中的女性地位低于男性的观念在短时间内难以改变导致的吧！不过，女性只能扮演“内人”的时代已成为过去，对于现在的她们而言，出门购物、外出拜访朋友自不用说，她们还拥有出门做兼职的自由。

但是，从大众的心理上看，为了不让女性过于显眼，“一个女人胆敢指挥男人”的狂妄感依然根深蒂固地存在于社会中。而且，社会上依然存在“不仅本人踟蹰不前，周围人也会阻止女性掌握领导权”的倾向。

“唯女子和小人难养也”，虽然没有理由能证明男人不是这句话中所说的小人，但如果仅仅认定“男人即小人”，女人也是没有取胜的希望的。如果你觉得只有孔子先生持有这种偏见，就大错特错了。其实，连释迦牟尼都无视男人意志薄弱这一点，认为女子具有迷惑男人，使之产生色欲的魔力。在“如果只有女人，天便不会亮”的日本，神道十分发达，可就连神道也忘了天照大神、天钿女命（译注：日本神话中出现的女神）是女性，并提倡先远离女子，再斋戒沐浴。

于是，女性为不被嫌弃、一直被爱惜而不得不将“未嫁从父、既嫁从夫、夫死从子”奉为人生智慧。而第一个吃苹果并引诱男人犯罪的是一个名为“夏娃”的女人，这个故事对于女性来说也不是很有利。

被众人塑造为恶人的女性掌握领导权这件事，对于男人而言，是无法释然的，而对于女人而言，没有莫大的勇气，是无法做到的。但是，如果不跨过这个困难，无论到什么时候，女性的地位都无法获得实质性的提升，女性都无法获得成长。

在这个分工越来越细、技术高度发达、专业领域被不断深化的时代，“谁掌握领导权”正从由世袭制度、门第、血统决定转变为由“卓越性”决定。如今，社会已不再拘泥于性别，并能够让在该领域拥有卓越技能的女性发挥她的作用了！

而且，现在这个比起纵向社会更重视横向联系的社会，要求领导者成为的与其说是强大的指挥者，不如说是作为“调停人”存在的人际关系的调解专家。而在这种社会中，女性的未来发展前景很不错。总之，无论男女，“持有什么能力”才是最重要的，我们有必要培育出不因自己的性别而自卑或撒娇、具有领导能力的女性领导者。

女性特有的温柔、谦恭更能发挥领导力

我在美国留学的时候，有位女性朋友曾对着我感叹正在逐渐消亡的骑士风度：

“最近，即使是在美国，很多人也不遵守礼节，而且男孩对女孩越来越没有礼貌。”

我好不容易才控制自己不说出“这不是因为如今的女孩都不再是女孩吗”这句使她为难的话。我在心里想：一边呼吁男女同权，追求与男性一起工作的自由和权利，而另一边却依然需要拥有“超弱者”的特权，这不是过于自私自利了吗？

我喜欢作为体贴的表现的“以他人为先”这种美好的礼仪。

我喜欢在我走路时若无其事地绕到靠近行车道一侧行走的人、为我搬运沉重的行李的人、上车时先让我上的人。我喜欢这些人，不仅仅是因为他们待我很友好，还因为他们的行为举止很美。这是一种能体现他们拥有一颗体贴从容之心和自制力的美。但是，我们不可总是不客气地接受别人的好意。如果女人一直不客气地接受别人的好意，而自己却没有任何表示，无论什么时候，都只能处于弱势地位、当依附者。认为“让别人为自己做什么是理所当然的”的这种想法，会使人变丑。为什么这么说呢？因为这种人的心中没有“感动”，只有“不满”。

这一感悟是我在留学时代参加一个名为“管理与运营”的研讨班时产生的。这个研讨班以七八人为一组，是一个除了我之外，无论哪个都是担任校长、教育委员等职务的杰出的男女混合班。教授也很优秀，曾教我很多东西。有一次，教授说完“请用一句话阐释管理者”后，让我们逐一发表自己的看法。在他们的发言中，至今依然让我记忆犹新的是一位女校长的话：

一直被迫处于做决断的立场的人。

现在，意外地当上管理者的我，拥有很多细细品味这句话的机会。顺便说一下，那一次，当轮到我说时，我也必须说点什么。因为当时我的身份是研究生，从未当过管理者，而且在那之前我在研讨班上听过当各种管理者的不容易，所以最终我说了一句：

这是一份非常艰难的工作。

因为其他成员不是给出恰当的定义，便是用富有学问的话语作为回答，所以在听到这句话的那个瞬间，教授有些惊讶。不过，我记得教授很快便边和大家一起笑，边对我说："这是今天最好的回答。确实如此。"

当领导者很难。凡是领导者，必须具备会辨别"什么重要，而什么不那么重要"的能力，不会被眼前的事情迷惑且能站在高处判断局面、理智冷静地审视局势的能力，必须拥有一颗公正的心、人性的温暖。此外，在对自己想做之事持有自信和信念的同时，还必须拥有向前一步的谦虚和勇气、对自己的言行负责的诚实态度；在做事必须慎重的同时，还必须敏于抓住机会。

女性何时才能迎来告别自卑感、掌握领导权的那一天呢？虽然女性应该和男性一样被给予相同的机会，但就像不是所有男性都具有领导能力一样，也不是所有女性都具有领导能力。而且，社会中的男性和女性的数目，无论是过去、现在，还是未来，都一直大致相同，这是让男性拥有适合他们的职业、女性拥有适合她们的工作岗位的长久保证。因性别而不给提供平等的机会，因性别而被小看或连自己都自卑，都是错误的。与此同时，女性过于拘泥于“性”边提倡平等，不过是自卑的另一种表现。

我希望将来女性能告别自卑感，意识到自己拥有独立的人格，能取得与自己的能力相匹配的领导权。如果这一天真的来临了，我还希望女性领导者持有女性特有的美、优雅和谦恭。这三大要素非但不会妨碍女性领导者发挥领导作用，还能助她们一臂之力。

可以“接受别人的好意”但不要“撒娇”

我常常对即将步入社会的大学生说，认为“总会有办法，总会有人为自己想办法”的学生撒娇心理，在社会上并不通用。这是我的经验之谈。

大学毕业后直接在美国人的工作单位工作的我，主要做抄写上司的信并将其打印出来的工作。

有一天，身为美国人的上司，在看过我提交的信后，将信退给我说：“返工，一个字拼写错了。”我一想到我好不容易才完成的东西，却仅仅因一字之差而要求返工，便委屈地哭了。

而上司却冷静地对我说：

“想哭的应该是我。”

上司的这句话让我意识到了自己的撒娇心理之重。与此同时，我深切地意识到，职场是一个无论是我花多少辛苦才完成的工作，只要有一字之差，就没有意义的残酷世界，要在这个世界中生存，就必须提交没有任何错误的完美工作。

“想哭的应该是我。”

作为必须为在工作中出问题的员工支付工资的人，说这样的话，也是正常的。

“不客气地接受别人的好意”与“撒娇”不是一回事。虽然这两者的区别很微妙，但我也学会了如何区分这两者，知道必须以直率谦虚的态度接受别人的好意。因为我是在面向外国人的夜校工作，所以有时候会工作到很晚。有一次，我那严厉的上司对我说：

“剩下的工作交给男同事，你先回家吧！”

在这个时候，我十分听话地接受了他的好意。但是，如果我觉得上司下次再和我说这样的话，也是理所当然的事，便属于“撒娇”。我觉得，我们有必要弄清楚“不客气地接受别人的好意”与“撒娇”的区别，学会操控自己的“撒娇心理”。

成熟的可贵

想必谁都不愿意变老，可有一次，我读到了这样的句子：“请别夺走我的岁月，因为岁月是我的财产。”

读到这句话后，“让自己的岁月成为财富”的想法开始在我心中萌芽。就这样，我再一次意识到，我应该活出自我，应该珍惜时间，必须让自己成长。

身体的成熟或许会告一段落，人性的成长却永不止息，并理所当然。此时的成长与其说是长大，不如说是意味着成熟。

剪去冗余的枝叶以使身心轻松、抛却任性与执着，回归本真、谦虚倾听他人的话语——这些都应该是“成熟”的可贵之处。

在岁月的沉淀里，你还会渐渐懂得：这个世界绝不会与自己的想象完全一致，每个人各不相同，人与人之间需要理解和原谅。若是能体会这一切，并怀着喜悦、虔诚和感激生活，你也就真真切切地“成长”了起来，你的岁月便成了财富。

成长和成熟都伴随着痛楚，因为那是与自己的战斗，以自我的涅槃为目标。就像一粒麦子，只有在落地死去时，才孕育出新的生命，而它本身也在新生命中得到了延续。

四国诗人坂村真民 80 岁时写下了这样一首诗：

原来

老去可以这样美

衰老……

就像垂柳

自然地低了头

如“老丑”一词所示，老人总容易被认为是丑陋、衰弱、可悲的。特别是当下，在这个崇尚青春、渴望强大的社会中，丧失了这些价值，人们容易看不起衰老。

不知不觉，我也已经 85 岁了。坦白讲，我无法像坂村真民先生那样，欣赏老去的美好。我只是切身体会到了年轻时不曾感受的日子的重量，从心底感到“能在这世上多活一天，有今天真好”。我无奈却也清楚地明白自己的衰弱，曾经能做的事现在已不能完成。不知何时，我已习惯了谦卑地向他人低头。

这种从自己身体里涌现的感恩和谦卑，或许会成为“光芒”。那不是年轻人拥有的活力四射的光芒，而是长年累月积攒的旧银之光。

失去一些，就会获得另外一些。年轻时能做的事渐渐力不从心，这并不一定就只代表悲伤，还意味着即将创造出新的什么。今天永远是最年轻的一天。那么，就把今天当作我生命中最年轻的岁月，绽放生命的光辉吧。这才是老年人的挑战。

将每一天看作“我最年轻的一天”，绽放生命的光辉。变老并不可悲，挑战新的精彩，永远活得耀眼。

独立才有人格

最近，“人性”这个词变成了流行语。我觉得这是一个我们在使用时必须特别注意的词。在字典上查“human”，可以看到“（相对神、动物而言的）人的、有人性的”这个解释。这表明，在西欧，人被赋予了既不是神也不是动物的地位。诡辩家普罗泰戈拉曾说“人是万物的尺度”。在他这个时代，希腊和罗马的文化都将人和其他动物做比较，并特别强调了人的尊严和价值。因为罗马人认为人之所以为人，是因为人是拥有理性和自由意志的存在，所以他们将自己和蛮族区分开，特意将自己称为“homo humanus”（像人一样的人）。这表明，即使都同为智人，罗马人却拥有觉得蛮族不配被称为“homo humanus”（像人一样的人）的自负。

到了中世纪，在基督教文化中，人在与神的比较中把握、强调人的本质。这是一种罪孽深重、有缺点的人的姿态，与希腊、罗马的人物形象追求伴随着自由的“责任”不同的是，拥有能力极限的人被要求持有“宽容的精神”。

据说到了 15 世纪，在意大利创建的“人道主义”对这两大观点持赞成态度的同时，还以这两大观点为基础追求“人性”。

我们说人及“人间”之时——正如字面所示，人是指降生于人之间的——他们并没有将把人视为不同于神、动物的认识方法作为普通的认识方法。或许是受佛教轮回思想的影响比较大吧，认为人类是既能在天上出生又能堕入畜生道的人以及因前世的因缘碰巧在人间出生的人的聚集体的想法很强烈。因此，一般认为，在日本即使是说“humanism”，也包含“悲伤的存在者们”互相怜恤这种强烈的感觉在内。这也是比起人类主义，我们更愿意说人情主义的原因所在吧！过去，有“不知报恩者，非人”的说法。这句话表明，之前人之所以为人这一点是通过识别人之间的情义、人情、恩情得到证明的，人并不具备作为“human”的认识能力，换言之，人并不是由有异于动物的自由者和有异于神的不完美者完美组合而成的独特存在。

“外人听起来不好听”“请考虑在人前是否体面”“要被人知道，你该怎么办”“请不要对人说”……这一串和“人”有关的说法，无论哪个都表明了面子的重要性，都没有采用类似于“不要和人说，但可以和猫说”的说法。

我之所以在开头部分提到“我们在使用‘人性’这个词时必须特别注意”，是因为太多的事实都表明，如果没有理解“human”和人的不同，人道主义便会在只始终同情比自己不幸的人，忘记对方具有和人的尊严密不可分的“负责能力”的同时，对人的本质弱点持“不是挺好的吗，宽恕处理吧”态度，并以持有非当事者持有的随便的宽恕态度而告终。

当因翻斗车在过道口本应暂时停止却未停止而与电车相撞、酿成事故的时候，必定会出现在报纸上的是“怒对不合理修建住宅用地的声音”“政治的贫困”——或许确实有这方面的原因——而不是“请严厉地惩罚司机吧”。但是，我认为，和将司机看作政治、企业的唯一牺牲者相比，无论处于什么样的条件下，都将司机看作拥有能遵守应遵守规则的自由的“human”和应对自己的行为负责的存在，才是将对方看作像人一样活着的人。

失足少年亦是如此。在报道里，详细述说将某少年逼入绝境后，又营造出“这也是没办法的事”的氛围，这或许从态度上看显得十分文雅大方，但却让我觉得这种文章缺乏温暖地对待少年、看着少年重获新生的“严格态度”和“爱”。使他们重获新生不能靠宽大处理，而是需要通过信任孩子所持有的可能性。

当将“人性”替换成“人”来看的时候，我们还必须注意一点。这一点即我们很容易将过像人一样的生活解释为过普通的生活。现在提出的“为尊重人而开展运动”“恢复人性”等口号，也似乎证明了这种可能性的存在。几年前，在某地区的劳动者大会上，“恢复人性、推进尊重人的运动”被确立为运动的基本方针，并在此基础上，还列了其他几个运动的重点目标，诸如组织的强化；为反合理化、提高工资、缩短时间而斗争；政治活动的强化与地方统一选举、参议院选举斗争；等等。

以上内容原封不动地摘自该地区的报纸。恢复人性、尊重人等语句，参加该集会的人是如何理解且在日常生活中是如何实践的，我们无从知道。不过，可以确认的一个事实是，人们在理解这些语句时，将着眼点放在了“普通的生活保障”上。在我看来，看似要被奉上“普通民族”的名号、容易通过与他人比较来获得自己对生活的满足感的我国人，很有必要再次思考作为“human”的人的应有姿态，并按照与之相称的方式生活。我认为，与之相称的生活方式，指的是作为拥有无法与他人比较的独立人格的人生活。具体说来便是，边思考既不是神也不是普通动物的人之所以为人的原因，边爱，边互相宽容，边生活下去。

认清对自己有价值的东西

人类拥有的智慧非常惊人，连被长时间作为梦想之地的月球，如今也有人在上面留下了足迹。更惊人的是，我们在地球上喝茶时便能与登月者同时看到月球的模样。让我们把视线转回日本，如今日本不仅开始作为经济大国在世界上拥有一席之地，在教育的普及度、高度上也是世界上屈指可数的国家。

那么，我们是否可以陶醉于世界文明的发展、本国经济的繁荣呢？答案是否定的。因为与文明进步相矛盾的非常原始的生活、野蛮的行为还在世上横行，与繁荣相反的精神上的贫穷还存在于当今世界上。正如某人所言，世界是矛盾的，虽然人类已将数名登月者平安地送到了月球上，但在地球上，别说夜晚在黑暗的道路上行走的人了，连白天在街上行走的人的安全都得不到保障。于 1912 年获得诺贝尔奖的法国人亚历克西·卡雷尔博士，在其著作《人，难以了解的万物之灵》中如此写道：

近代文明越是发展，人越是不幸。这是因为在好奇心的驱使下，近代文明是按非正常轨道发展的。今后，人类的一切努力必须只能为人类的幸福和繁荣服务。并且，我们还必须正确地研究“成为对象的人是一种什么样的动物”这个问题。今天人类最不了解的是人本身。

或许可以说，正因为以人类幸福为目标的文明的进步被人们遗忘了，所以很多问题都出现了。

当本末倒置的时候，各种各样的发明、发现，非但不能为人类所用，还会给人类带来危害——人类反而会隶属于自己创造出来的东西，陷入被这些东西支配的状态中。医学的显著进步使平均寿命每年都有所提升。在各地的医院，如果放在过去，早就得离世的病人，在最新的技术、被发明出的新药等的帮助下，正在不断延长生命。尽管如此，每天的报纸还在报道多起杀人事件。我们的内心也逐渐变得麻木，对“普通”的杀人事件或仅有一两人受害的杀人事件不再觉得惊讶。在浅间山庄事件发生后曾有人说，因 14 人被一齐杀死的骇人经历在前，下次有些人或许只会对杀死 15 人的杀人事件感到震惊吧!

高速公路已经遍布全国各地。为了让这些公路真正实现修建之初的目的——安全而又迅速地运送来往人员——应对在公路上行驶的车进行改良，这自不用说，除此之外，司机们还必须遵守交通道德，持有一颗体谅他人的心、不勉强自己的自制心和忍耐力等。文明的发展如果没有伴随着人心的发展，是很危险的。阿诺德·约瑟夫·汤因比博士曾警告世人，当今世界处于物质文明的发展和精神力量不平衡的状态，而这样的结果是，人类正面临一场严重的危机。他还说，能拯救人类的只有崇高的道德心。我觉得我们都必须认真对待这个警告，并重新审视对自己而言真正重要的东西。

圣·埃克苏佩里因创作《小王子》《夜航》《人的大地》等作品而家喻户晓。他在《小王子》中，借助从宇宙中的某个小星球来到地球的小王子告诉我们什么才是真正重要的东西，以及“地球上的人，特别是大人非常无趣，他们将时间花在了琐事上，却忘了做真正重要的事”这一点。在描写了胡乱逞威风的国王、自命不凡的男人、想通过大口饮酒忘记烦心事的酒鬼、脑中只有数字的实业家、一刻不停地工作的男人、写着书却不想探访实地的地理学者后，作者写道，比权力、金钱、学识、数字、工作等任何东西都更重要的是发觉爱的存在。书中还写了一句很美的话：重要的东西，眼睛看不到。重要的东西，如果不用心灵的眼睛看，就看不见。

在奉行物质主义的社会，人们很容易产生东西的多少等同于幸福的大小的错觉。宣扬生活舒适是莫大好事的夸张型广告，想让人们忘了痛苦所拥有的用钱买不来的价值。在这个凡事都讲求速度的时代，“等待”以及“充满信任地等待”这一非常重要的举动，通常也被视为坏举动。而这样的结果是，社会上出现了很多无法让自己“等待”的按照本能冲动行动的人。我既不是想说拥有东西不好、过舒适的生活不好，也不是想指责这个争速度的时代。我只是想说三点：能有效利用物品的是人的心灵；痛苦也有其存在的价值；等待既是一件应顺其自然的事，也是一个与心灵有密切关系的重要举动。

在日语中，“看”这个词所对应的汉字既可以写成“见”，也可以写成“观”（译注：“看”对应的日语有两种写法，“見る”“観る”）。我觉得可以这么理解：前者是指用肉眼看映入眼帘的东西，而后者是用心灵的眼睛看隐藏在表面之下的东西。此外，“听”这个词所对应的汉字也有两个：“闻”和“听”（译注：“听”对应的日语有两种写法，“聞く”“聴く”）。我觉得，也可以说这两者在听声音上存在深度的区别。用心“观”、用心“听”，指的是看眼睛看不见的东西，听未变成声音的叫喊声。虽然视听教育已取得很大的发展，但为了让今天的教育成为除传授知识外还培育心灵的教育，我们还是有必要重视眼睛看不见的东西。

自我创造幸福力

秋色一变浓，大学里的银杏叶便会掉落，为地面盖上一条金黄色的毛毯。附属幼儿园的孩子们曾告诉我，他们要捡起地上的银杏叶，将它们做成花束，送给园长老师。确实，从金额上看，这种花束和玫瑰花束、百合花束无法相比，但它却拥有用钱买不来的价值。人们都说，现在的社会是统一化的社会。无论去哪里，都能看到相同的加工食品、出自同一厂家的物品。而且，连幸福都被统一规格、被宣传利用了。而这样的结果是，大家都穿着相同的流行服饰，坐着相同的名车，带着相同的行李箱（行李箱中装着相同的罐装啤酒和其他食品）和纸质手提包向同一个观光地奔去。在这样的社会中，大即好也成了统一的价值观，而人们则开始不断追求便利的东西、新的东西。在这种时候，难道我们不应追求有个性的幸福、有个性的价值吗？即使我们不以违背时代潮流的方式特意像嬉皮士一样生活（或许连嬉皮士都正在被统一化），也应该从既成概念中解放出来，持有自己珍视的东西。这只有在我们觉得幼儿园小朋友制作的银杏叶花束很美并为之感动的时候，才能变成可能。

或许我们可以说“所谓幸福，即一种处于有价值的东西的包围中的状态”吧！即使处于周围人觉得难以理解的状况中也觉得幸福，是因为该状况对于当事人而言是有价值的。如果有人拥有气派的房子、漂亮的妻子、优秀的孩子们、安稳的地位，我们旁人会觉得此人没有任何不足之处。但不是具备这些条件的人就一定幸福。反之，我们周围也有什么都没有却过着幸福生活的人。

古时候有位国王，虽然过着十分舒适的生活，却一点儿也不幸福。于是，他将全国的学者、智者召集起来，向他们询问让自己变幸福的方法。之后，虽然他按照这些人介绍的方法进行了各种尝试，却并没有变幸福。有位学者见状便对他说，只要实践这个方法，就一定能行。这个方法是：

“现在，找到幸福充满全身的人，穿上他的衬衫。”

或许是因为这位国王已被逼入无论什么都会做的境地了吧，他听完这个方法便开始在全国寻找过得十分满足的幸福之人。然而，看起来很幸福的人都有觉得不满足的地方，总也找不到完全符合条件的人。有一天，国王在骑着马外出狩猎时，遇到了一名牧羊少年。国王问这名看起来很开心的少年：

“你幸福吗？”

少年笑着回答道：

“国王，我很幸福。”

国王接着问：“真觉得幸福吗？”

少年如此说道：

“是的，太阳照耀着我，羊们很听我的话。而且，村里的人都很亲切，我没有什么觉得不满足的。”

国王听完后，想到自己终于能变幸福，不由得开心起来。接着，他用恳求的语气对少年说：

“你能把你的衬衫给我吗？你要什么奖赏都可以。”

而面露难色的少年则回答道：

“其实我没有穿衬衫。”

我觉得这是一个能让我们思考何为幸福的有趣故事。这个故事告诉我们：幸福既不是想找便能找到的，也不是可以将某样东西作为交换从他人处获得的；即使你拥有数不清的钱财，即使你拥有国王的权力，即使你借用了学者、智者的智慧，你也无法收获幸福。而另一方面，拥有幸福的牧羊少年，却是一个连衬衫都没有穿的人。

如果幸福是一种被有价值的东西包围的状态，那么，变幸福的方法便是用有价值的东西填满自己的周围吧！现在我们经常能看到的是，对自己以外的人提出“请变成有价值的人”的要求。妻子要求丈夫成为比其同事更早晋升的人，父母要求孩子取得优秀的成绩。如果结果能如人所愿，那自然是好事，关键是当无法如愿时，问题便会出现。其实，比起要求这要求那，我们更应将时间花在以下这两点上：发现已经存在的价值，将对方作为有价值的人接受（即使对方保持原本的姿态不变）。

不要要求他人为自己提供幸福，请凭借自己的力量创造幸福吧！即使遭遇火灾也不会烧焦、即使小偷进屋也不会被偷走的幸福，除了在自己心中培育外，别无他法。《圣经》中有这么一句话：虚心的人有福了，因为天国是他们的。所谓虚心的人，即感谢并接受一切的人吧！不沾沾自喜，用自己的力量创造真正有个性的幸福，不仅是对这个正在被逐渐机械化、统一化的时代做出的微弱反抗，也是我们像拥有独立人格的人一样生活的秘诀。

凡是人，行走在这人世间，都有无穷无尽的欲望。想随心所欲地使用东西，想不断地获得新的东西……当我们学会控制这些欲望，忍受小小的不自由，不以自我为中心，养成简单生活的习惯时，因欲望无法满足而感受到的“痛”，就会变成“爱”。

Part 3

一日一生，活在这珍贵的人间世

竭力生活更美丽

冈山很冷。在这儿生活前后大约 8 年的时间里，大多数冬天都看不见雪，而今年我却看了好几场雪。父亲离世的那天，连很少下雪的东京都堆起了雪。现在在我看来是美丽的象征的雪，依然能唤醒在我心底沉睡的悲伤记忆。

在雪悄无声息地越积越多的二月的一个早晨，父亲的生命被残忍地结束了。虽然当时他的手上拿着一把手枪，而且他还是陆军屈指可数的射击名将，但父亲未杀死一人便离开了人世。或许是因为不忍对自己的下属扣动扳机吧！父亲似乎是想用自己的死告诉一直躲在隐蔽处看整个事情的经过的幼女：不可夺走他人的生命。

当时才 9 岁的幼女，不知不觉间已长大成人，并一直在从事教育工作。在担任教育总监之时倒下的父亲，或许会很高兴。抑或，他会担心女儿是否能胜任如此重任。我想，这两种情感，或许父亲都会有。

父亲的死，让生命的脆弱、短暂，深深地刻在了我幼小的心中。

“死亡会像小偷一样不请自来。因此，请做好防备吧。”很多时候，死亡都会在你意想不到的时候悄悄地来临。

在口头上说请把每天当作人生的最后一天生活吧，是件容易的事，而付诸行动却非常难。我们往往会因觉得还有明天、还能重来而马马虎虎地做今天的工作。对于每天都竭尽全力生活的人而言，死或许并不恐怖吧！

或许对有些人来说，死亡的日子是他们从劳苦中解放出来，从此永远安息的快乐日子。死亡之所以恐怖，是因为它是未知的，且人都拥有很强的生存本能。此外，或许还有一个原因：我们尚未做好迎接死亡的准备。

父亲是否做好了迎接突如其来的死亡的准备，我不得而知。不过，我觉得，当宪兵常驻在家中，且连去拜访附近的姐姐家都察觉出被暗中盯梢时，父亲不可能不知道自己的生命正处于危险中。

细细想来，父亲在去世前不久，在对我说了“和子，我们去赏梅吧”之后，曾去有名的梅园欣赏了最后一次梅花。父亲还曾说“我无法和这个孩子长时间在一起了”。也正因为如此，哥哥们格外宠爱我。

滴落在雪上的血，是父亲溅在上面的血迹吗？那是一件发生在雪堆积至走廊高度的早晨的事。

重要的东西用心看

数年前，我曾去看望一位被宣布患有癌症后只得躺在病床上的患者。因为患者本人便是一名医生，所以他对自己的病情有非常准确的判断。据他说，当剧痛袭来的时候，他甚至想过安乐死。他对我说：

“为什么我必须这么痛苦地活着？如果我承受的这些痛苦对疾病的治愈有益，那我承受这些痛苦是有意义的。但我所承受的是来自无法治愈的疾病的痛苦。我承受这些又有什么意义呢？或者，如果这是对我所犯下的罪恶的惩罚，那我也应当承受，但为什么必须在我不记得曾犯过什么罪恶的时候让我承受这些痛苦？”

当这位极其痛苦的患者用一副疲惫不堪的表情认真地问我时，我除了低下头细细咀嚼“痛苦”的神秘意义，别无他法。

或许意义不是本身就具有的，而是自己赋予的吧！虽然我觉得，即使这么做对其本身没有意义，在使之有意义的地方也存在真正的生活方式与极大的喜悦，但我只说了以下这段话：

“您能否为某个人——也可以是不认识的人——承受这些痛苦？如果已没有必要为净化自我、治愈疾病而承受这些痛苦，正是这个时候，您可以为世上现在需要有人为他承受痛苦的人……”

这位患者于 6 个月后去世。离开人世时，他的表情十分平和。这是一种让人绝对想不到他曾经经受那么多痛苦的平静，是一种斗争后的平静。现在我依然觉得痛苦是神秘之物。虽然当时不明白，但明白的时候终究会来临。在与当时的条件不同的条件之下，你曾经觉得毫无意义的东西，也能变成无上宝贵的东西。我父亲的死便是如此。在堆着厚厚积雪的 2 月 26 日早晨突然发生的事对于我的意义，如今已不同于当时。

处于前所未有的物质繁荣的时代的人们，其表情未必与物质的繁荣程度相称。每日被报道出来的事件与大众对已大幅度进步的文明社会的期待，也存在极强的不匹配感。未得到满足的内心的表露会过于明显地体现在表情、言语、行动上，是为什么呢？这难道不是因为人们始终追求东西的表面价值、享乐利己的瞬间价值吗？

在繁华的街道上，正洋溢着尖锐的笑声、娇滴滴的声音。令人觉得无聊透顶的是，人们都正在捧腹大笑。而与美丽的微笑相遇的机会则变少了很多。如今，生活变得越来越丰富。一走到街上，就能看到明亮的色彩、华美的服装，听到热闹的音乐声。但是，真正明朗的内心、表情，在哪儿呢？其实，在费尽千辛万苦后终于穿过看不到尽头的隧道时，突然展现在眼前的那片照亮黑暗的亮光，才是现在人们真正需要的。

和平亦是如此。只有亲自参加过战争的人才能深切体会到和平的来之不易，而连与自己的战争都不想面对、只在嘴上主张和平，则是最容易做到、最缺乏诚意的行为。我想，当我们忘记应与自己做斗争时，自然意识不到自己的矛头正朝向攻击他人的方向吧！

有外国同事和我说：现在在美国的高中，学生们在上英语课等课时会将各自觉得珍贵的东西带到课堂上，并就这些东西展开谈话。其具体做法是，先让学生们展开想象，猜该物品对本人来说很重要的原因，再让本人说明其理由。在学生中，既有带脏钱包来学校的人，也有拿出并无奇特之处的小石头的人，以及将式样老旧的表轻轻地放在桌上的人。正因为这些东西不是一眼便能看得出来的高价品、稀奇物、上等品，所以我们才必须思考对于持有者而言这些物品所具有的特殊价值或意义。据说这作为活跃会话气氛，使学生们更了解彼此的一个方法而经常被用于教学中。与此同时，或许我们也可以认为这是在物质文明已走到尽头的美国，为让孩子们看到眼睛看不见的价值而做出的一个尝试吧！

“重要的东西，眼睛看不到。重要的东西，如果不用心灵的眼睛看，就看不见。”小王子说的这句话，希望我们都能再品味品味。不要被“大即好”“便利的东西、有用的东西即好东西”“新东西，无论什么都是好的”等宣传语所迷惑，请用心发现每样物品、每个人所持有的不可替代的价值吧！或许你无法轻而易举地发现它们（他们）的价值。但这是想要变幸福的人必须做的一件事。因为只有自己觉得有价值、有意义的生活才能给人带来幸福。

像小松树一样不急不躁地生活

小时候，父亲曾带我去神社拜神。到神社后，他曾对我说：

“供奉在此处的神，非常讨厌等待（译注：在日语中，等待对应的日语单词‘待つ’和松树对应的日语单词‘松’，在发音上是相同的），所以，你看，即使是现在，院内也没有一棵松树。”

关于父亲的记忆非常少，我也不知为什么我至今依然记得这句话。父亲或许是想说“所以，不可让他人等你”，或“作为神却没有忍耐力，真奇怪”吧！因为父亲平常便是一个不爱言语的人，所以当时他并没有附加一两句富有教育意义的话。

甚至怀疑日本是否有“有福不用忙”这句谚语的我们，现在都想早点看到结果，并将等待视为罪恶。在瞬息万变的社会持这种态度，是理所当然的事。或许这也是担心自己在边睡边等的期间事态发生变化以及如果不马上亲眼看到结果便无法安心的体现吧！

如今，电脑能立马弹出和运势、结婚对象、必定成功的事业有关的结果；交通工具自不用说，连银行的窗口都设置成无须等待便能办理业务的模式；一年四季都摆放在店头的蔬菜、水果，则在伴随着自然的破坏的同时，失去了以往那种只有在焦急等待后才能深切品味到的春夏秋冬的美味。

于是，无法在与自己的欲望及欲望对象间留出一定的时间间隔或距离间隔的一代人，便作为响应急于看到结果之人的召唤登场的速成文明的产物随之出现了。在报纸上被大肆报道的大多数非正当行为、犯罪，不是高智商犯罪，而是因无法控制一时冲动的人，即无法让自己“等待”而铤而走险的人犯下的。

我觉得，等待，对于以非神佛的普通之身生活在这个不完美的社会中的我们而言，是逃不掉的宿命。或许有人会说，因为人生太短，所以无法等待。而我却要说，正因为人生很短，死亡随时都可以给我们的人生打上句号，所以不如意之事常有。等待的这段时间确实很痛苦。但是，在等待之后收获的喜悦和未等待即可得到的喜悦之间，是存在质的差别的。

既然如此，我们便不可以就像我们身处无须等待的社会中一样教育孩子。如果你是真正希望孩子幸福的父母、老师，就应该会结合自己的生活经验告诉孩子等待的意义、等待期间的度过方法。教育本身也需要等待。在教育的路上等待，是你具有播种者常常被要求具备的耐性和谦虚的体现，这个过程与等待花蕾凭借自身内部的力量自然而然地绽放并相信其自身的力量很相似。

我想像死后种在我墓旁的小松树一样不急不躁地生活。

感知生活

种在院门旁的辛夷花的花蕾正变得一天比一天饱满。或许到了举办毕业典礼的时候，它会像往年一样开出洁白的花朵。当我在新学年慌忙告一段落时看到栀子树开出充满香甜的花，八仙花开始呈现出颜色，我便意识到夏天快来了；当银杏的树叶开始呈金黄色时，我便会因大学节近在眼前而不再慌张；茶梅花一开，我便知道圣诞节即将来临。

在欣赏花的开放、树的生长变化中度过一年的大学生活，我觉得过得非常优雅。我甚至觉得如果能按照各种花的花期制作一本大学内部的日历，则更好。如果我说能让已经毕业的学生以及今年即将毕业的学生一直铭刻于心的，很可能不是他们在教室里学习的情景，而是四处弥漫的花香、窗外的树姿，或许会被说“不正经”吧！

数十年前，在位于武藏野的气息依然很浓厚的吉祥寺的成蹊小学，有一片很大的松树林。这片树林是女孩们以不输于男孩们的姿态吵闹、玩耍的绝佳地方。樱花道也很漂亮。位于四谷的双叶，因为它位于城中，且几乎全是混凝土建筑，所以只有河堤旁的松树道给我留下了深刻的印象。我记得，在将皇后的娘家房屋作为校舍的圣心，因战乱而荒废的庭园，在呈绯红色的映山红的渲染下，一片通红。

在我刚进入修道院的时候，在宽阔的庭园的周围，有几棵高耸入云的榆树。一到冬天，叶子就会全部掉落。在刚蒙蒙亮的天空的映衬下，其光秃秃的细枝显得格外显眼。这一景致因与我觉得最痛苦的事有关联而使我一直难以忘记——对我而言，当时最痛苦的事是在天未亮时起床。

这是一个令人悲痛不已的回忆：父亲于2月末意外逝去时，其枕边放着一盆四五天前收到的白色仙客来。母亲因觉得这盆花是不祥之物而讨厌它。但对于因年幼而记不住当时的其他事情的我而言，仙客来却是一种令人怀念的花。

如今母亲也已离开人世。当时在冈山而无法守候母亲临终的我，于母亲逝去的第二天拜访了她生活了一年的病房，霎时满脸泪水。在前天之前还一直躺着母亲的病床，已空空如也。而恰好处于母亲的视线范围之内的，是一束有红色、黄色、紫色等各种颜色的塑料花。据说是护士为我母亲制作的。我想，母亲在生前看了无数次的这束塑料花，遗落在已无他物的病房中的这束花，也算是母亲的遗物。于是，我轻轻地将它拿在手里，并开始悲伤起来。

关于花的回忆，都是于乐事、伤心事拜访我之时碰巧开放的花留在我心中的回忆。我们可以用花来装点生命的各个角落，寄情于无情的花，让它们像有灵魂的生命一样绽放生命。

随遇而安

“现在名为‘求肥’的这种冈山名产,还有吗?”我被年老的母亲如此问道。

时间过得真快，不知不觉间我在冈山已生活了两年有余。母亲的这句问话让不知不觉间不再将吉备团子视为稀罕物甚至是当地特产的我，想起了这种冈山名产。说起来，我第一次从冈山带回家的特产便是吉备团子。

在一边说着“即使有山也不属于山梨县”，一边记忆日本全国县名的孩提时代，一说起“冈山县”，我便认为那是一个位于遥远的地方、被山冈和山包围着、以桃太郎为代表人物、如同桃源仙境一般的白桃产地。我做梦都没有想到将来有一天我会在此地居住生活。

距今约 9 年前，我询问母亲“我是否可以去冈山的修道院”。

母亲明确地回答我：“我是不会去那么远的地方看你的哦！”

虽然后来我入会了，但不久之后我便前往美国生活了四年多。即使我后来回了国，坚持自己原则的母亲依然不去冈山看我。

我将已成为我第二故乡的冈山视为一个美丽的地方。最初让我颇为介意的冈山方言，我也已不再那么介意。一有人告诉我残留着古代武士语言痕迹的词语，我便会说“啊，这么说挺有道理的”。而我的这个反应常常让对方觉得我很文雅。我想我觉得“挺有道理”可能是旁观者清的缘故吧！有人曾告诉我，冈山的气候适合医治肺病。在这之后我便会感激地想：“既然这个地方这么好，即使自己有点不适应，也不要紧。”偶尔回东京看到水果贫乏的街市，我便会得意扬扬地想：“要是在冈山，水果应有尽有。”我总觉得我能在冈山居住生活，是件幸运的事。因为我很早便对居住了三十年之久的东京断了念想，所以即使被东京人说“真冷漠”，也是没办法的事。

年轻人都憧憬着去东京去大城市居住生活。我并非无法理解他们的心情。但是，在我看来，人总要有一种随遇而安的心态，无论哪里，住惯了就会自然而然产生好感。而且，我觉得将自己居住的土地视为家，正是我们热爱这片土地的表现。被比喻成流云流水的修道者，并不被允许对某片土地持有留恋之情。如此看来，修道者在迁至下个地方前，只要还在这个地方，就应该在任何留恋都消失前，彻底爱着这个地方。

我在冈山生活了两年之久，可当被问及冈山的“某某町”时，我却不知该町是附近的町还是在远处。为此我觉得十分惭愧。如果有人和我说“不知道冈山之町的人，无法爱冈山”，我也只能认为我确实做得不够，但我觉得拥有通过人感受冈山之美的机会，是我的一大优势。通过接触人，我感受到了充满独特气息的冈山：以开展符合新时代要求的文化建设为目标的冈山，不仅拥有古代吉备文化遗迹的雅致和朴素的美，还具有一种积极感、新鲜感。我觉得，努力将旧文化与新文化融合在一起的姿态，努力创造新文化的姿态，持有过去的美和对未来的希望的冈山人的灵魂，都很美。我甚至觉得，它们比早晚随天色改变颜色的周围群山以及随风起伏的灯芯草、白桃和麝香葡萄的丰富光泽都美。

一提起冈山只会联想到吉备团子和傍晚风平浪静的海面的母亲，连吉备团子是当地特产都已忘记的女儿，无论哪一个，或许冈山都会喜欢吧！我觉得，看起来能接纳母亲和我的冈山隐藏着巨大的魅力。

以上是不知冈山的街道分布情况的我写下的冈山随想。因为我相信编辑所说的“这类文章能给人以耳目一新的感觉”，所以我写了这一篇。

丰富生活的东西，无法用金钱衡量

我家有各种各样的剪刀，在这些剪刀中，母亲一直将一把样式不好看的大剪刀视为宝物。

即使我对她说“妈妈，家里有更快的剪刀，您用它吧”，她也不想换剪刀。她的理由是：“这是索林根的剪刀（译注：索林根是德国刃具的制造中心），是你父亲特意从德国给我带回来的高级剪刀。”

被母亲视为父亲遗物的这把剪刀，对于母亲而言，一定是具备了其他任何东西都无法与它相比的价值。

母亲也于三年前离开了人世。当我于母亲逝去的翌日拜访她在离开人世前居住了一年的位于东京中野区的医院时，正有工作人员在母亲住过的房间为下个入住的人做准备。当我进入房间时，房间的角落里还有一堆尚未收拾的破烂儿。在这堆破烂中，我找到了红色的毛线团和红色布头，并悄悄地将它们带回了家。它们分别是已回归孩童状态的母亲生前边滚动、捯线边玩耍的毛线团和当她已无力玩毛线团时用手指开心地摆弄的红色布头。它们是世上独一无二的东西，且对于我而言，是无论用多少钱都买不到的珍贵东西。我想像母亲珍爱那把已剪不断东西的剪刀一样，把已无任何用处的毛线团和布头视为宝贵的东西。

对于人而言，富裕的生活到底指的是一种什么样的生活？如果说指的是昂贵的家具、全电气化住宅、新车、高尔夫、旅行、奢侈的生活方式，那么就大错特错了。我反倒觉得住在其中的人的内心不会随之变得丰富。在我看来，所谓富裕的生活，指的是拥有很多对于此人来说无上宝贵的东西的生活。日本奈良时期的诗人山上忆良曾如此吟诵道：

金银宝石比得上无比宝贵的孩子吗

不，远远比不上

他说的确实是事实。如今是一个很多人都拿生孩子、养孩子的费用和车、房子的价值相比较，并在这之后选择是否生孩子的时代。他们都忘了一个重要的真理：只有无法用金钱衡量的人、物，才能真正丰富人的生活。

在《小王子》中，狐狸告诉小王子，你之所以觉得一朵玫瑰花比数量庞大的玫瑰花更重要，是因为你为这朵花花费了很多“无用的时间”。这句话告诉我们，无法用金钱衡量的“无用”的时间，其实能将对方变成属于自己的无上宝贵的东西。可以说，这句话是对那些只在能用金钱衡量的事上花过多“有益”时间的现代人最好的讽刺。

到底什么是没用的，什么是有益的，什么是不利，什么是有利？我们必须与人的幸福联系在一起重新思考这两个问题。大家应记住，富裕的生活指的是处于无上宝贵的东西的包围中的生活。

母亲传递的人生智慧

在成为修道者后，我被允许每年在进京时看望住在荻洼的母亲一两次。虽然每次都只能交谈几个小时，但每次在谈话结束时，母亲都会说这句话：

“和你说完这些，我已没有什么牵挂。因此，如果下次我发生了意外，你不从冈山回来也行。毕竟你也有工作在身。”

这与其说是母亲因意识到修道生活的严峻而说出的客气话，不如说是母亲于不知不觉间从人生中学到的智慧，即不期待便不会失望的智慧促使她说出了这样的话。每次将我送到大门处的母亲，一定会露出无法用言语形容的寂寞而哀伤的神色，便是最好的证明。

接着，从不允许孩子顶嘴一句的母亲还补充道：“我说的没有错。”

最终，母亲按照自己的意志，在没有影响女儿工作的情况下离开了人世。当我听到坏消息并赶到时，母亲已不在人世。

我生于北海道旭川市，生于父亲担任第七师团长之时。尽管之前也有孩子出生的先例，但在当时，师团长生孩子还是一件稀奇事。所以，母亲对此非常在意。据说，看到母亲为此烦心后，父亲曾劝母亲说：

“如果是男人生孩子，确实很奇怪，女人生孩子有什么好害臊的？”

到了晚年之后，母亲一有机会便会盯着我的脸看，并说：

“你父亲说的果然没有错。幸亏将你生了下来。”

那个时候，我察觉到母亲因往事依然萦绕在心中而情绪变得十分复杂，并再次意识到，我有今天，并不是靠自己的力量。

9 周岁生日两周后的一个下雪的早晨，我目睹父亲以我平常未曾见过的姿势停止了呼吸。

时至今日，我依然认为，允许我在父亲临终时独自在场是上天给予我的恩赐。不过，或许对于父亲而言，他并不想让他的爱女看到这一惨烈景象。在兄弟姐妹四人中，我是唯一一个没有送母亲离开人世的孩子。这一点或许早在我独自看着父亲死去的 30 年前就已注定。

曾有过一段生活日常窘迫的日子，那个时候，母亲经常打开衣柜，对我说：

“和子，这次拿着这个去吧！”

那些都是母亲心爱的和服、腰带。当我骑着自行车将它们拿到我常去的布庄后，它们很快便被有钱的农民换成了钱。虽然我没有跑过当铺，但家里的各种东西都像这样逐渐消失了。

即使处于这种状态中，母亲还对我说：

“今后的社会需要英语，英语或许可以助你在社会上立足。”

说完后，母亲便让我再去当时刚开始办学的新制大学的英语专业学习，那时我已在专门学校学完三年日语并毕业。这或许是因为母亲本能地知道对于成长于军人之家、家无财产且因时代变迁失去很多东西的女儿而言，掌握在身上的学问才是最好的财富吧！

正如“艺能养身”这句谚语所言，母亲的先见之明很快得到了印证：我边打工边读完大学后找到了一份使用英语的工作，且薪水已能贴补家用。看到我能帮助家里，母亲虽然经常说“过意不去”，但她却十分满足这种只有父母孩子一起过的生活。虽然她知道我想进入修道院，但她在内心的某个角落还是希望我像普通女孩一样嫁作他人妇。不过，她只是在给我的后背浇洗澡水时，发几句诸如“你不想嫁人吗”“为什么必须去修道院啊”此类的牢骚，而且并没有要求我做出回答。

当哥哥们各自成家，已无须在家中居住的时候，也是我获得自由的时候。

当我正因为母亲说了“我讨厌冈山的修道院，我是不会去这么远的地方去看你的”这句话而不知何去何从时，东京的吉祥寺新开了一家修道院。这家修道院距离我位于荻洼的家只有二十分钟车程。

因哥哥们说了一句“即使嫁人也不会住这么近”而死心的母亲，终于允许我进入修道院。那个时候，母亲 74 岁。虽然此时母亲的腰腿还算结实，但因为她经常走错方向，所以几乎每次外出都需要我陪同。

进入修道院的最初那段时间，我不被允许外出，因而每个月母亲都亲自来修道院见我一次。第一个会面日，在小会客室漫无边际地闲谈的我们还没聊够，规定母亲离开的时间便到了。当在玄关处目送母亲离开的我，看到母亲用我曾用过的淡蓝色细长伞代替拐杖，一个人步履蹒跚地走出修道院的大门时，我忍不住开始悲伤地哭泣起来。当我看到母亲那比以前更弯曲的后背、比以前小一圈的身体，想起以前我在身旁挽着她的手走路的情景，就忍不住想要责备自己当初为什么要任性地选择这条道。慢慢走出大门的母亲仿佛背负着她在 60 余年学习间学到的有关“达观”的所有重量。

没有无趣的工作，只有无趣的人

“你在食堂摆盘子时，都在想什么？”

负责指导我们的年长的美国修女如此问道。

我一边回答“什么也没想”，一边觉得惭愧。在进入修道院之前，我在办公室做的是无须弄脏手的工作，是与男性职员并肩做事、做什么都带有很强目的性的有意义的工作。虽然在进入修道院前我已做好了精神准备，但我还是接受不了自己在美国东部城市沃尔瑟姆的大型修道院将每天的大半时间花在扫除、洗衣服、熨衣服、缝补衣服等“琐事”上。即使我告诉自己“现在的生活与世人的生活不同，也是理所当然的”，心中依然对忙着做无趣的工作的每日生活状态充满焦虑。

按照惯例，在一百多名修女每天吃三顿饭的食堂，为了能让人一来食堂便能坐下吃饭，我们得提前摆好盘子，做好准备工作。虽说食物的准备工作很简单，但为一百多人先摆上大盘子，再放上汤盘，在旁边摆上刀、叉、汤匙，是一项繁重的工作。因此，不知不觉间，我的动作就变得机械化了。

“请轻轻地将它们逐一放在桌子上，不要发出声音。并且，摆放时请在心里为坐在这里的人祈祷幸福。”

我是唯一一个来自日本的修女，而总是关心我的这位修女，说完这句话便去做自己的工作了。确实，做“先将盘子摆在桌上，再摆上叉子”这项简单的工作，既没有意义，也没有回报。而就是在这一天的这个时候，她告诉我一点：在这种时候，必须将它变成有意义的工作。只有这么做了，我们才能让花在这项简单而机械化的工作上的时间变得有意义。世上没有无趣的工作，也没有被称为琐事的工作种类。只有人将它视为无趣的工作，将事情视为杂事时，琐事才会产生。

虽然现在人的寿命在不断延长，但我们一生的价值，不是由长度决定的，而是由充实度决定的。没有痛苦和不幸的人生，并不是好的人生。只有能在痛苦和不幸中找到意义的人生，才是值得尊敬的人生。对抱怨自己处于周围全是无聊之人的社会中，一辈子都只是在做无聊工作的人，我们与其说“你的人生真悲惨”，不如说“你才是唯一一个能让你无聊的人生变得有意义的人”。只有在人生走到尽头之时，能回答“人生有什么意义”的人，才可以说是对自己的生命真正负责的人吧！

选择少有人走的路

“真希望神甫是一个真正有魅力的人。”一名女大学生叹着气说道。

另一名女大学生则回应道：“是啊，如果没有魅力，神甫还不如普通人好。”

虽然我觉得她们说话很过分，但她们的话却给我留下了深刻的印象。

“这条道路”，世上的落伍者绝不可走：不仅失恋者或事业失败者等厌世者不可走，在恋爱、结婚、事业上均不成功的人也不应该因被许诺可以得到原本得不到的尊重、学历、一份终生雇用的工作和老后的保障而选择这条道路。

有的原本既能经营好家庭又能在工作上表现出色的人，会浪费自己在普通社会中展现自己的机会，像傻瓜一样为基督教服务。而正是这种拥有会被周围人猜想“耶稣到底是何方神圣”的强大魅力的牧师、修道者，才是当下基督教所需要的。他们仅仅是单纯地活着，也能为耶稣点起一盏明灯吧！

如今是一个举世均认为所谓幸福，即拥有丰富的物质和充足的性生活、能贯彻自己的主张的时代。而“在这条道路上行走的人”却正朝着相反的方向前进。如果即便如此，这些人的脸上也闪耀着喜悦的光芒，嘴上唱着赞美和平的歌，这就意味着，与“世界给予的和平”不同的“耶稣的和平”是存在的，真正的幸福一定存在于某个地方。

以单身的姿态度过一生，并不是一件寻常事。虽说过的是与其他修道者在一起的共同生活，但“这条道路”是一条孤单的路。或许可以说正因为过的是共同生活，所以才存在孤独感。我有时觉得，一名修女越是拼命生活，越需要偶尔可供自己倚靠的强壮的肩膀、能供自己依偎一下的宽阔的胸膛。如果感觉不到这种孤独感的人才算拥有圣性，那么我是没有资格在“这条道路”上行走的。像人一样生活，应该与耶稣的教义是不相违背的。

我于 14 年前选择了这条少有人走的道路。

“进修道院是因为遇到了什么悲伤事？”

母亲在我入会的前一天一直如此问道。当时我想，让母亲看到我过上充满生存意义和喜悦的生活，是让母亲理解我的选择的最佳方法。当母亲认识到即使我嫁了人也可能会马上与丈夫分开时，她终于死心并准许我入会。当多年后母亲对我说“你幸亏选择了这条路”时，我觉得母亲对我的不孝多了几分宽恕。说这句话的母亲已经去世。接下来，我想直面这条道路上的孤独和艰难，一步一个脚印地将我选择这条路走下去——因为当初是我自己将这条道路视为了“我的道路”。毕竟使命不会在某个地方等我，是自己逐渐创造出来的。

当面对死亡时

就像每年的这一天一样，圣诞节前一天也是从早晨开始便不断地来客人，让本来一到腊月便很忙碌的学校呈现出了其特有的活力。

“有电话从东京打来。”

当我边想着“可能是……”边拿起听筒后，听到姐姐对我说：

“这次更加危险了，尽量早点回来！”

那个时候，母亲的病情忽好忽坏。虽然我心里还惦记着即将前来参加一年一度的深夜活动的众多毕业生和学生，但为了坐上下班飞机，我还是急急忙忙地奔向了机场。当我为办理登机手续而向柜台走去时，收到了“请火速给大学打电话”的消息。而我在电话中听到的是来自东京的消息，消息的内容是母亲在这期间已撒手人寰。接下来的 2 个小时的飞行时间，我无论怎么着急都已无济于事。

圣诞节前夕的东京街道，十分拥挤。因此，从羽田到荻洼原本只需近 1

小时的路程，我花了 3 个多小时。晚上 9 点多，当我终于抵达家门时，母亲已入殓。昨天那个 87 岁的恍惚老人已消失，我看到的是一张充满陆军大将遗孀的文雅气质的脸。当我把手轻轻地放在母亲的额头上时，母亲已全身冰凉。这种冰凉感唤醒了我在 34 年前，也是在这个房间里体会到的感觉。

那事发生在昭和十一年（1936 年）2 月 26 日的早晨。我刚被猛烈的敲门声惊醒，睡在隔壁床的父亲就突然起身从抽屉中取出手枪，并对我说：

“和子，快去妈妈那。”

在穿过隔壁的房间后，我找到了母亲。当时，母亲正镇定地吩咐惊慌失措的女用人们做什么，并无暇看我。因为谁都不理我，而且前厅正变得越来越吵闹，所以我又按我来时的路回到了有父亲在的卧室。

那个时候，士兵们已推开正门，正争先恐后地涌进住所内部。而且，子弹也从外部射入了卧室。

当我穿过房间来到父亲的身旁后，父亲瞬间露出十分为难的神情。但他很快便用眼神示意我躲到立在邻近墙边、堆着杂物的桌子的后面。当时，父亲为了防弹，用丝绵睡衣包裹住了身体。而且他手上拿着手枪，已做好与马上闯进来的士兵作战的准备。

我刚躲在桌子后面，被架在位于父亲身体的正前方的隔扇细缝中的机关枪便开始射击。后来，我在暗处看到，当集中一处的射击使父亲的双脚不会动弹后，可能是多名士兵吧，其中也可能有青年军官，突然闯入房间用手上带刺刀的枪砍杀、射击父亲。

当他们给父亲致命的一击并撤走后，父亲已躺在血泊中。我还记得当时我因为无论怎么拥抱、呼唤父亲都得不到回应而突然变得无比悲伤。

当天，到处被卷上了白色绷带的父亲遗体被放置在了发生事件的位置。可能是因为父亲一直陪我睡到那天早晨吧，我并没有觉得父亲已离去，我认为父亲是因为身体负了伤而正在休息。当我的这种感觉变得越来越强烈的时候，我把手轻轻地放在了父亲的额头上。然而，我摸到的是冰凉的父亲。这种冰凉感让我渐渐认清了事实。34 年后的今天，母亲也在同一房间入殓了。

为了避开圣诞节，于 12 月 24 日去世的母亲的葬礼，在 26 日举行。12 月 26 日与父亲的忌日，只是在月份上不同，在日期上是一样的。当天东京从早上便开始下雪。34 年前发生在 2 月的那件事又浮现在眼前。

死亡看似离我们很远，其实离我们很近。父母渐次离我而去，除了悲痛，更让我认识到生命很宝贵。它就像空气一样，没有它我们无法生存下去，但很多时候我们却意识不到它的存在。因此，当我们被赐予让我们不得不意识到它的存在的疾病、痛苦、灾难时，往往是我们认识生命的价值的绝好机会。

生活在这个世上，你越认定“人生应该如何如何”，你越不自由。比如“家人应该温柔地对待我”“上司应该理解我的立场”“他们应当感谢我”，等等。当你心中拥有很多“应该”，而事实又与之相背的时候，你的痛苦也会随之增多。

Part 4 有品格的交往

想获得信赖，先自己投入真情

在现代，由“信”组成的词，如“信赖”“信用”“信仰”“信义”“信念”等，都持有稀缺价值。在这里，我们先试着思考一下社会变得不守信用的原因吧！

在哈佛大学教发展理论的埃里克森教授说，人通过依次完成从出生到死亡期间的各发展阶段的“发展课题”，能实现正常的发展。根据他的理论，刚呱呱落地的婴儿的最初课题是拥有“基本的信赖”。刚出生的婴儿什么也不懂，他们通常从满心欢喜地迎接自己出生的父母和周围人的言行、满怀爱意地注视着自己的母亲的眼神以及母亲与自己贴脸、拥抱自己、给自己喂奶的动作中，学习相信自己的存在价值和处理他人与自己之间的关系。在这个时期，不论是什么原因，凡是被拒绝使其拥有这种基本的信赖的幼儿，一生都存在信赖问题。

如今，我们正处于一个父母不再将孩子视为“上天的恩赐”，而是按照利害得失决定是否生孩子的时代。当因利害得失计算出错而怀上孩子时，他们会认为这个孩子是“累赘”。而且，即使他们在各种犹豫后选择将孩子生下来，亲子间的信赖关系也已经遭到严重的破坏。如果在这之后，他们选择在某一天将孩子塞入车站中用来储存物品的投币柜中，或将孩子丢弃在交通十分繁忙的高速公路上，那么该孩子在此期间学到的东西不是基本的不信任感，又是什么呢？当今社会根深蒂固地存在不信任感的根源，难道不是因为很多人欠缺这种基本的信赖吗？

孩子们成长的环境是一个重视学历和利益的社会。而为与之相适应而建立的升学制度，摘去了存在于孩子世界中的美丽的友情嫩芽，促使孩子们将彼此视为竞争对手。学校即使教存在疑点的知识，也不教孩子相信他人；即使实施教育，也不打算开展在孩子心中播种爱的教育。现在这个社会，不仅有“信用的标本”之称的银行长期做着非法融资的勾当，因十分守时而世界闻名的国有铁路的行车时间表也不再靠得住，被视为伟人的政治家也不再履行公约。而如果想在这样的社会中教孩子守信义的重要性、信赖他人的美好，则不是一般的困难。

即使我们把视线转向人际关系，也会发现，随着农村的城市化，以作为命中注定的关系存在的血缘、地缘（译注：地缘即乡土关系、同乡关系）为基础建立起来的人际关系，已被因偶然间的相遇、杂居而建立起来的以公司为基础的社会关系取代，社会也已变成未曾见面的人为追求共同的利益而聚集在一起或分开的社会。如果社会是一个由不讲信用、不可对其放松警惕的人汇集而成的大集体，人与人之间的交往势必只能停留在表面，且无法培育出信赖的土壤。以敞开着的拉门、隔扇为表现形式的农民家的生活样式，逐渐变为关门上锁的生活样式的显著变化，以及一有访客便十分谨慎地先通过窥视窗、内部对讲机确认对方，再招呼其入内的做法，也可以说是人与人之间不信任的一大表现吧！

因在这个瞬息万变的社会，别说一年后，连明天会发生什么都无从知道而产生的不安情绪，促使很多人，尤其是年轻人走上及时行乐的道路。而这样的结果是，就像意大利电影《巴黎最后的探戈》一样，互不知姓名的两个人会在互不告知对方自己姓名的状态下一直保持着密切的关系——可能是他们觉得以结婚这种值得信赖的方式为基础建立起来的男女关系很复杂吧，他们开始极力称赞同居时代的各种便利，并不管彼此之间是否存在信任感，按照合同过起了两人生活。年轻人身上常见的受害者意识，到底从何而来？我想或许是由不知道信赖为何物这个原因导致的吧！

如今，民主主义教育、个别化学习等众多新式教育方法和教育理念被应用于日本，而视听教育便是备受注目的教育方法之一。如今，它与多媒体的发展相结合，已成为当今教育界不可或缺的快速发展且高度发达的教育方法。而这样的结果是，通过声音、颜色、形状开展的教育模式，开始出现在孩子的世界中，各种现象在被缩短空间上和时间上的距离后展示在孩子面前。甚至在幼儿园的保育室中都摆有电视。在保育室中，三四岁的孩子们边欣赏“什么样的山中栖息着什么样的动物”“什么样的国家中住着什么样的人”“什么地方发生了什么趣事”，边学习各种知识。对于如今的孩子们而言，悬挂在空中的月亮，不再是月兔捣年糕的地方、辉夜姬（译注：辉夜姬是日本最早的物语作品《竹取物语》中的女主人公）的最终住处，而是现实中被与自己一样的人征服的天体之一，用留在那里的机器给地球发送各种数据的一个空间基地。

“真的吗？”

如果问他们这个问题，孩子们一定会挺起小胸脯，用肯定的语气说：

“当然是真的，我在电视上看到过，不会错！”

视听教育确实在某种程度上可以说已取得不错的效果，但与此同时，它也发挥了消极的作用：让孩子们持有一颗只相信亲眼所见、亲耳所闻之事的心。而“信赖”却与你对非亲眼所见、非亲耳所闻、非实际确认过的事是否已做好心理准备有莫大的关系。

如果妻子接连不断地问丈夫“你爱我吗”，而妻子只有听到“嗯，我爱你”的回答才放心，那么她绝不是一个信任丈夫的妻子。

没有比“我信任我的丈夫，因为我总是向他确认他是否爱我”更奇怪的矛盾说法了。或许在确认之后，确实会出现可以相信他的状况，但这个时候，其实已没有必要再相信他。信任他人之所以是一件严肃而又令人痛苦的事，是因为我们需要控制或放弃自己想去确认人的真假想法的欲求。

我们也可以说，确认的对象等同于事实，而相信的对象等同于真相。山本有三在其小说《真实一路》的其中一节中写到，作为私生子出生的女儿非常恨一个劲儿地隐藏自己出生秘密的养父，知道这件事后，其叔叔对她说：

“你父亲之所以未对你讲明，不只是为了隐瞒事实，也不是在说谎。而是因为这件事的背后存在一个超越事实的大真相。说出事实这种事，谁都会做，但将真相坚持到底，并不是谁都能做到的。”

现在的我们，在发达的电视等媒体、丰富的视听教材的影响下，正因过于习惯充满事实的世界，并认为凡是存在着的全是事实而忘了我们周围还存在眼睛看不见的真相的世界。

在充满事实的世界，“一”小于“十”。而在真相的世界，甚至会出现作为数字的“十”的重量无法与不可替代的“一”相比的时候。小王子撇下自己星球上的唯一一朵玫瑰花后来到了地球。在地球上，他看到了五千朵玫瑰花。他对这些玫瑰花说：

“虽然你们很美丽，但你们很空虚。没有人能为你们去死。当然，我的玫瑰，一个路人也许认为它和你们是一样的。但是它独自一个就比你们全部都重要得多。”

那朵玫瑰花对小王子而言之所以那般重要，是因为他在它身上倾注了大量时间。换言之，他在它身上倾注了大量眼睛看不见的珍贵感情——爱。

《圣经》中也曾提及事实与真相的不同。有一天，一直盯着众人往耶路撒冷神殿的香资箱中投钱的耶稣问门徒们：“谁往里投的钱最多？”门徒们回答不出来。于是，耶稣说：“我实话告诉你们：这穷寡妇投入库里的，比众人所投的更多。因为他们都是自己有余，拿出来投在里头；但这寡妇是自己不足，把她一切养生的都投上了。”

耶稣的这番话也告诉我们，事实是眼睛看得见的，而真相则存在于眼睛看不见的地方。

如果整天待在家中的妻子，早晨将丈夫送走后便开始怀疑丈夫的全天行踪，那她过得一定很痛苦吧！用笑脸迎接不知因何原因晚回家的丈夫，一定很难。如果妻子因此而要求丈夫向她报告一天的行踪，两人的信赖关系便会出现裂痕。而且，或许丈夫的心会离妻子越来越远。信赖关系是只有双方像视为珍宝般培育才能建立的，而且只有建立起信赖关系，“想相信你”的想法才会变成事实。从这个意义上我们或许可以说，在科学万能的世界，只有信赖才能换来奇迹。

有句格言是这么说的：如果你想将对方培育成淑女，请以淑女的身份与她接触。换言之，如果你想对方呈现值得信赖的姿态，唯有你的信赖才能将其换来。前几天，一名学生给我寄来了一张明信片。在明信片中，她随手写道：

“您的鞋子是谁给擦的？无论什么时候看，您的鞋子都闪闪发光。”

毫无疑问，是我自己擦的。其实，在收到这张明信片之前，我一直以来都是一觉得哪里不干净，便会擦擦扫扫。但不可思议的是，在这之后，如果自己没有穿擦得锃亮的鞋子出门，便会产生愧疚感。

“你是一个温和的人，这是大多数人对你的评价。”

听到这句话后变得不开心的人，应该没有吧！而且，听到这句话的人此后在生气前或许都会三思而后行。不可挑拨煽动，也不可说谎。但是，人不会忘了顺应别人的期待而活，对于人而言，通过相信他人建立彼此信任的关系，是件重要的事。

在某个地方生活着一名绝不说他人坏话的男子。有一天，他的朋友们打算想办法让他说一次他人坏话。在费尽苦心后，他们找到一个对其怎么也夸不出口的人，让他与该男子一起工作。几天后，朋友们问该男子：

“怎么样，让你表扬他，是件非常难的事吧？”

而该男子则笑眯眯地回答道：“是啊，他是一个难以让人夸出口的人。但是，迄今为止已和很多人打过交道的我，从未见过像他这样吸烟吸得如此香的人。”

虽然此后还发生了什么，我们不得而知，但谁又能说，这句夸奖的话不会给“吸烟吸得很香的男人”的人生带来一线光明呢？或许这句话能给予他开始新生活的勇气。毕竟即使只被一个人信赖，这个人的信赖也能让你成为不辜负他信赖的人。

感叹“无法交到以心相许的朋友”“值得信赖的下属真少啊”“配偶不是值得信赖的人”的人，应先扪心自问：是否自己也负有一半责任？是否曾拥有无论是被人背叛还是被人背起来摔倒都毅然决然地信赖对方的经历？是否在被人背叛后还会再次愚蠢地相信对方?

或许有人会说:“能相信他人的人是幸福的。因为这样的人可以对一切事情不管不问。”相信他人,既不意味着否定事实,或隐瞒事实、逃避事实,也不意味着你可以削弱自己的判断力。其实,相信他人是从确信世上存在眼睛看不见的东西开始做起,对不会辜负他人信赖的人性持有敬畏心,对存在背叛的可能性的人性弱点宽容以待,以及谦虚地认为自己的判断不是一切的一种极其符合人性的行为。

有一次,在旅途中碰巧遇到了大雨。公交车的向导用非常遗憾的语气告诉我们:

“如果天气晴朗的话,大家能在这片湖的身后看到一座漂亮的山。可惜今天很不凑巧。”

如果没有听到这番话,对此地一无所知的我们,或许会以为这里只有一片湖,并随随便便地一走而过吧!我们中的任何人都没有对向导说“不,这山眼睛看不见,就不可能存在”。在我们的人生中也有晴天能看见而雨天则看不见的东西。或许可以说,承认看不见并不意味着不存在,即“边相信他人边活着”的表现吧!

诚实地表达真实想法

和美国的众多大学一样，这所大学的校园也由漂亮的街道树和散布在其间的几幢建筑构成。有时，从宽阔校园中的其中一幢建筑向其他建筑转移时，必须依靠车。

被派来美国一年后的夏天，我开始在这所大学学习。每天，我都搭在同一领域学习的美国修女的车上下学，并从她那得到了很多帮助。承蒙她的帮助，尽管我没有任何经验，但听起课来却没那么困难。而且，在这块陌生的土地上，教授们和其他研究生们都十分亲切地待我。

有一天，天气很热。这名美国修女问我：

“修女，我很渴，你渴吗？”

而我则以日本人常有的客气而又不明确的说话方式回答道：

“Yes。”

一听到我说“Yes”，她马上走向停车场，并迅速地坐上了驾驶座。当时，只有校园边上的图书馆的地下有冷水机。

“啊，真好喝。你也请。”

一听她说了这句话，我便拿起我不怎么想喝的水喝了起来。我觉得我这么做也是对她如此热情待我的回报。在听夏季讲座期间，类似这种事发生了好几次。

随着考试的临近，我们到了特别缺学习时间的时期。当我开始习惯大学生活，并逐渐克服了最初的依赖心理后，有一天，我们像往常一样来到图书馆的地下。让我惊讶的是，她如此问道：

“修女，你是真的口渴吗？”

这或许是因为那天我的表情和态度告诉了她“没必要特意开车到这么远的地方喝水”吧！当我还为她终于知道了我的小小报恩行为而暗自高兴时，却出乎意外地听到了猛烈的斥责声：

“明明不想喝，为什么不说？”

因多次特意陪她去喝水而期待听到“不好意思”等话语的我，觉得十分意外。以为是玩笑话的我抬头看到的却是一张不肯妥协的严肃的脸。

我只好说：“对不起！”

“请不要客气。我生气是因为你说什么，我便信什么，而你却未说实话。”

她用温柔而又不失严厉的声音回答道。在那之后，她再也没和我提过这件事。

在和外国人一起工作、生活之后，他们教会了我一点：对自己说的话负责。虽然我从 12 岁上教会学校开始便与外国人有接触，但在美国人的办公室工作后，我才在这一点上受到严格的教育。

如果早上有人问你“今天，心情和身体都还好吗”，而你只把它作为早上的寒暄话，回答“我很好”，那么无论你今天是头痛还是心情不好，都会被分配与“我很好”这个事实相符的工作量。而且，工作状态也会被详细地过问。当你因为身体不舒服而工作状态有异于平时时，外国人会问你“怎么了”，而如果你按照日本人的说话习惯回答“没事，我很好”，他们只会冷淡地回一句“是吗”。

接着，当你果然因身体状态不佳而未把工作做好时，你便会受到训斥。

如果你在受到训斥后，说“其实，我身体不太舒服”，他们非但不会安慰、宽恕你，还会更严厉地批评你：“那刚才我问你的时候，你为什么不说？”

“暗中示意”是日本人的一个坏毛病。很多时候，明明本人想得到安慰和照顾，却说相反的话。而且即使对方说“可你的脸色很差，休息一下吧”，也会回答“我没事”。只有在反复说过“但是”“可是”后，本人才会听从对方的建议。而如果对方没有察觉你的异常，你便会认为对方“察觉力差”“不会体谅人”。

“想一起去吗？”

“不了。”

“那我就约别人了。”

如果你马上说出约别人的话，你肯定会得罪他（她）。在日本，在这种时候，揣测对方的情绪，并再问一次，是礼貌的表现。但如此一来，我们便会弄不清“话语”到底是什么东西。

经常作为例子来说明外国人和日本人对待话语的态度不同的是，“yes”和“no”的使用方法。假设有人说了一句“昨天没有下雨啊”，日式回答是“是的，没有下”，而外国人通常回答“没，没下”。如果将下文省略，我们会发现这两种回答正好相反。这种不同或许是因为日本人是以对方的心情为中心回答的，而外国人则是以事实为中心回答的吧！虽然日本人持有的这种体贴感，我永远都不想舍弃，但另一方面，我觉得我也不可因过于被状况所左右而失去自己的主体性和事实的客观性。

和辻哲郎博士曾通过研究隔扇的文化看日本人的人际关系。确实，这种精致易损的“分隔物”，对于将它视为“分隔物”的人而言，虽然只是用纸做成的，且不能上锁，隔不住声音，但却是能与门相匹敌的俨然而立的“分隔物”。从小处于隔扇、拉门的包围中，并在为邻屋考虑、体察别人的心情的氛围中长大的日本人，在长期的训练下，已具备与在门的文化中考虑事物的人不同的细腻而又过于为他人考虑的感受性。凡是日本人，都具有可称之为“名手的技艺”的察觉能力和体贴之心：即使没有具体地表达意愿，如果隔扇关着，便知道“对方不想让自己进去”；如果能偷偷听到话语，便能揣测出“对方不想让自己听到”。而培育日本人的察觉能力和体贴之心的要素，一直存在于日本人的生活方式中。

如今，不断在建的住宅区、公寓、个人住宅，有多少还装有隔扇、拉门，我不得而知。不过，被称为“身上挂着钥匙的孩子”、在门的文化中长大的孩子们与在隔扇的文化中长大的人们不能融洽地相处，或许也是很正常的。觉得“想让我做什么，说出来即可”的年轻一代人和“即使不深说，我也能察觉到”的一代人，或许有必要各让一步吧！将心中所想全盘说出，绝非好事。希望大家在知道应对自己的话语负责后，在不忘体贴他人的前提下，用正确的语言表达心中的真实想法。

以最大的热情来交往

人是非常容易感到寂寞的，所以人无法离开人群独自生活。但另一方面，在与人的交往中，人也需要饱受辛苦。“人际关系”这个词，仅仅从别人的嘴中听到，也会给人以“烦琐”“麻烦”的感觉。人际关系很难处理，是大家公认的。一听说某某进入新职场后人际关系处理得很好或工作中没有遇到任何障碍，人们便会异口同声地说“这很罕见”，便是很好的例子。虽说如此，人际关系却是我们无法忽视的，即使我们不断地说“人际关系真麻烦”“讨厌处理人际关系”，我们也必须在人际关系中生活。

如今，我们处于一个技术革新的时代，众多改良和发明正在很多领域开展着。或许当下发展最落后的领域当属与人际关系有关的领域吧！确实，讲习会经常在各地举办，且参加研修会的人也正在变得越来越多。但是，人际关系留给人的印象依然是“很难处理”“处理起来很麻烦”。这到底是为什么呢？“今天人类最不了解的是人本身。”或许真是如此。

在医学研究、心理学研究、社会学研究、文化人类学研究不断发展的情况下，人们收获了很多发现，并得出了很多定论。但是，我认为现在人所需要的知识，不是由这些科学提供的关于人类的知识，而是更有人情味的令人觉得温暖的互相理解。互相理解不是指“何为人”的知识，它揭示的是在这里的人，即作为这个世上不可复制的独自存在的人之间互相联系的关系。

虽然都统称为“人际关系”，但其实在各种不同的文化中，人际关系已取得不同的发展。而且，即使在相同的文化中，随着时代的变迁，人际关系也已发生变化。加藤秀俊教授曾指出，人与人之间的关系正从血缘关系、地缘关系向由社会撮合的社缘关系逐渐转变。或许也可以说这是从命中注定的联系向偶然产生的联系的转变，由一次性关系向二次性关系的转变吧！如果使用德国社会学者斐迪南·滕尼斯的话，也可以说是从共同社会向利益社会的转变。比如，在冈山的县政府、市政府工作的人，大部分还都是本地人，而在东京都政府或大阪府政府工作的人则大多数是从日本各地来到此处工作的人。与本地人相比，他们更多的是为从工作中获得利益而聚集在一起。有时，在为获得工作而来某地的人之间产生的人际关系，比由祖祖辈辈的土地联系交织而成的各种复杂的人际关系或许更简单，但也更寂寞无聊。

忘了是什么时候了，日本曾发生负责运送钱的司机拿着现金直接逃走的事件。事件发生后，犯人很快就被抓到了。据调查结果显示，他是有前科的人。据说雇用他的银行，可能是因为人手不足吧，并未详细调查，只看了一下简历便录用了。银行有多么愚蠢，不言自明。这是我想到的一个不会发生在农村的例子。因为不论是雇用不知来自何地的谁的一方，还是被雇用的一方，都以“利益”为中心行动，所以自然便具备这个无法从心底相信彼此的条件。而这种不信任感，尤其是从农村来到城市的青少年会作为无法忍受的寂寞感铭刻在心中。

在东京住了近30年后，我来到了冈山。不知不觉间，我在冈山已住了10年。虽然偶尔也会回东京，但每次都是一办完事就早早地回冈山。这或许是因为自己的工作在冈山吧！也或许是因为在东京居住的母亲已去世了吧！其实，空气的污浊、绿色的稀少、噪声的刺耳可以抛开不说，被逐渐商业化的东京与乡村相比多了很多非人性的要素，是我最在意的。虽然如今我依然眷恋、喜欢这个我成长的地方，但有时我会理解不了为什么年轻人都要去东京。为了“像人一样”生活，肯定需要温暖的人际关系。但在以利益为中心的社会中，建立这种关系，却是一件很难的事。

开往东京的新干线，是高度发达的文明的象征，车上的一切都给人以舒服的感觉。相比之下，地方线的座席则一点都不漂亮，有时甚至会从窗户处吹进灰尘。但是，让人觉得放心的却是地方线。在地方线上，到处都是认识的人在交谈。他们交谈的内容既有涉及工作的、彼此家庭的，也有涉及农作物、家禽的。而在新干线上，除了修学旅行团体、慰劳旅行团体、家庭旅行团体等特殊的团体之外，即使坐在朝着相同方向、身体被迫极其接近的座位上，也一声不语地度过四个多小时，是常有的事。我并不是想说哪个好哪个不好。毕竟无论哪个，都有优点、缺点。但是，当文明的发展没有深入人心时，即使创造出了机械化、高效能的社会，也不一定能创造出幸福而温暖的社会。大家不可忘了这一点。

我听说觉得寂寞的年轻人都听深夜广播节目。虽然他们身处有那么多人的城市，而城市中又有那么多繁华的街道，但他们的心还是很孤独。或许更正确的说法是，正因为他们身处这种地方，他们的心才会如此孤独。对着他们说话的收音机，能满足他们要求的收音机，或许正好能安慰他们那颗孤独的心吧！忙着准备考试的高中生们的生活是充满竞争的生活，过着这种生活的人的价值都通过分数来体现。而这些人所追求的也是温暖的人心、将自己作为“自己”接受的人际关系。

不过，年轻人还有希望，高中生还年轻。从这个意义上说，最孤独的还是老人。在社会保障体系十分健全的北欧国家，我们经常可以看到坐在设施齐全的公园长椅上的老人。他们的姿态表明了一点：内心充实是用钱买不来的。我曾听说，有的老人经常将写着“请和我说话”的牌子挂在胸前。我还听说，有个老人每天都拼命地写信，写好后，便将它们投入邮筒中。而且，每天一到傍晚，他就会去信箱取出一定会被放入其中的信。可以说，这位老人已将写信、寄信、收信视作生存的意义。很多人都以为可能是正在谈黄昏恋吧，后来才知道原来老人是在给自己写信。我觉得，每天都将寄给自己的信投入邮筒并于次日收取的老人，比什么也不做的老人看起来更加孤独。

虽然随着文明的发展、社会福利的提高、生活水准的提升，人际关系问题并没有进步，且今后也会作为源自人本身的复杂性的“永远的课题”存在着，但我总是在想，难道就不能让人际关系变得更温暖一点吗？我认为，无法使之变温暖，不是因为技术层面存在问题，而是人心出现了问题。世上有很多用钱买不来的东西。但是，这个崇尚物质主义的社会已变成将“有钱能使鬼推磨”作为信条的社会：不仅上心仪的学校、找工作、结婚需要通过钱来实现，连是否生孩子、人的生死都能被金钱所左右。确实，人没有钱，会过得非常辛苦。但是，人们并没有意识到，金钱至上主义绝不能给人带来幸福。

也正因为如此，某位小学生才会在作文中写下“我非常喜欢我的妈妈，所以我想好好学习，上好学校。等我毕业后，我想去大公司工作，挣很多钱，让妈妈住上特等养老院”这样的句子，幸福能用金钱购买的思想才会在社会上普及。但是，金钱真的能买来幸福吗？同样地，即使你花大量的钱接连不断地参加人际关系讲习会，只要你没有对人热情地敞开你的心扉，你学到的知识就永远只能停留在纸头，无法变为真正能改善人际关系的武器。

清除以自我为中心的思想

开同学会，无法全体都到。被邀请做干事，也难以接受。当不想到场或不想接受时，大部分人的借口是“我家还有需要照顾的孩子”。总是以事情很多、家务很忙作为拒绝的理由，在我看来，是内心的状态需要调整。我们有必要让自己持有一颗从容的心。当我们的心中还住着一个需要照顾的孩子，换言之，当自己还未长大的时候，自然无暇顾及他人。

随着生活的电气化，家庭主妇拥有了很多闲余时间。不仅全自动洗衣机能帮她们省出花在洗衣服上的时间，冰箱的存在让她们无须每天都出门买菜，而且，使用加工食品可以节省大量做菜的时间，电器只要设置好自动开关，即使人忘了，也能帮人工作。人与人的交往也不同于过去，如果你不想与人交往，便可以不交往。此外，在很年轻时生出的孩子们，长到一定的年龄，也便不需要大人再操心。那么，省出的这些时间，她们到底都用在了何处呢？

有闲暇却过得不从容的人很多，是当下的现状。其实，从容感不是只要你不忙便会自然产生的，而是自己创造出来的。之所以在持有很多工作的人中，也有过得从容的人，而在无聊度日、不知如何打发时间的人中，也有过得不从容的人，是因为内心的从容，与时间的有无无关，只与你的心对人敞开了多少、心中是否拥有容纳他人的空间有关。而且，如果你想让你的心容纳他人，必须清除以自我为中心的思想。

有时，当真正很忙的人像没有其他要事一样认真地听我说话、和我说话时，我的心中会涌现出一股暖流，并因觉得如此被人重视的我还有“价值”而恢复自信。在如今这个因生产高度机械化而忽视人的作用的时代，人人都渴望拥有这种自信。人际关系很难处理，难道不也是因为人们始终互相争夺，不想接纳对方吗？人们都说，以自我为中心，是孩子的特点。如果真是如此，那么，是否已让自己摆脱还需要人照顾的婴儿阶段，换言之，是否已让自己变成大人，也可以通过持有体贴他人的从容感证明。

小王子来到地球上后，边瞭望沙漠边问一条蛇：“地球，也是一个孤独的地方啊，人都在哪儿呢？”而蛇则回答道：“人群里也是很寂寞的。”听完蛇的回答，小王子陷入了沉思中。我曾听说这么一件真事：瑞典的一位杂志记者，在装扮成满身是血的事故受伤者，并假装倒在路边后，看到211辆车以装作没看见的姿态飞驰而过，第212辆车虽然停了下来，但在说完“哎哟”后便开车离去了。或许他们是害怕被牵连吧。其实，这也是“只要自己好就行”的想法已成为近来的潮流的明显体现。无论是隔壁有人被杀还是邻居有困难，你是否都会说与自己没有关系呢？每个人都有陷入困境的时候，通常当自己陷入困境的时候，如果有人帮忙，便会很开心，可当他人陷入困境的时候，我们却不想帮忙。如果你将“己所欲，施于人”视为爱的戒律，那么可以说这是缺乏爱的表现。

对自己的生活方式有信心

很多人在对他人持漠不关心的态度的同时，却异常在意他人的举动。交通、信息变得越来越发达的结果是，世界变小了，远方的国家变得不再遥远。因此，比较文学、比较文化、比较语言等，人们开始边比较边研究各种各样的东西。但同时获得发展的还有被称为“比较生活（comparative living）”的生活方式。这种生活方式，在包括日本在内的全世界范围都十分流行。以这种生活方式生活的人，都是在比较他人和自己的生活后，过着觉得满足或觉得不足，自以为了不起或自觉得很悲惨的生活。这是物质主义使然。而这样的结果是，人们只比较眼睛看得见的，比如物品的多少、新旧、大小、美丑，轻视眼睛看不见的且也无法比较的内心的幸福、自己持有的独一无二的价值。商业主义就像要乘机使该倾向加速发展一样，一边高举“抛售”的标语，一边对众人说“请购买比你邻居家的更漂亮更新的东西”。如果你想要丰富、温暖的生活，就一定要做到对无法与他人比较的独一无二的自我生活方式培养起自信。

就像没有长得完全一样的脸一样，世上的每个人都是不同的。不仅在气质、智力等遗传要素上存在不同，成长环境也存在千差万别。两个人即使在相同或相似的环境中成长，决定如何接受自己的遗传要素和环境的“自己（self）”也会变得与众不同。如果即便如此，还认为每个人都是相同的，大家都是平等的，便有问题了。

人的平等，就像1948年在巴黎召开的联合国大会通过的《世界人权宣言》所阐述的“人人生而自由，在尊严和权利上一律平等”一样，指的是在尊严和基本人权上的平等，并非指在每个人一生之中所经受的幸与不幸、灾难与恩惠、成功与失败上，或拥有的家庭状况、财产数额、生活水准上是平等的。

因此，我们不可通过在这些方面与他人比较，产生骄傲自满或自怜自叹的情绪。人与人的交往在需要连带感的同时，还必须确保个体的独立性。这是一种对自己过上的独一无二的生活负责并持有自豪感的生活方式，同时也是一种承认他人也拥有相同权利的生活方式。“个性强”常常作为人际关系很难处理的原因被列举出来。其实，个性强的人都是无视他人、固执己见的人，我们真正需要的是“确保个体的独立性”。

从文化的立场来看，日本人也一直习惯于作为集体的一员而非个体的生活。以前我们的教育一直强烈要求国民作为国家的一员、“家”的一员以及持有家族特点的特定公司或学校的一员存在着。在这种大环境下，不坚持己见的做法被视为美德，而清楚地说出自己的意见的人则会被给予“太年轻”的评价。而且，一旦有人分外突出，便会按照“出头的椽子先烂”的逻辑控制其发展。

> “世间之事为如此这般。” 答曰：“言之有理。”
>
> “果真如此？” 答曰：“吾不知。”

据说，过去立志出人头地的人都将这首狂歌奉为座右铭。

但是，不坚持己见，很多时候不是起因于自我觉醒，而是由于受到了以守护秩序为目的的国家政策的限制以及出于践行明哲保身术的需要。因此，不坚持己见并不意味着个人“无私无欲”或富有牺牲精神。相反，或许我们可以说这样的人是有很多私心很多欲望的。能证明这一点的是日本在以战争结束为界线的一大转换期所展现出的面貌：随着国家权威的丧失、房子的倒塌，人们在那之前一直积压在心中的对权威、制度的反抗情绪变得愈加强烈，且在因长期被迫服从而不知何为真正的自由的状况下，让人束手无策的利己主义、极端的个人主义逐渐抬头了。在我看来，直到现在，日本人才对个人和集团的理想状态有了正确的把握。我觉得，只要无法确保个体的独立性，即使日本成了经济大国、政治大国，日本人在道德层面、人性上也会表现得过于幼稚，且很多时候都会为国际社会中的国与国的交往关系而烦恼。

在与人接触时保持距离

在总觉得对方很重要的阶段思考与对方的亲密程度、远近程度，看似矛盾，实则不然。这与我前面提到的“拥有独立人格的人应确保个体的独立性”有深厚的关系。在与人接触时保持距离，是你为客观地看人而保持距离以及尊重各自生活的一种表现，并不意味着你不相信对方，或不推心置腹地说话、与人不亲热。

与离得太远便看不清物品的真面目一样，如果靠得太近，便会因只能看到其中一部分而无法对全体做出正确的评价。这是看过美术展览会的人都有的体会。在与人的交往中亦是如此，我们与人只有保持适当的空间距离、心理距离，才能建立正常的、不会受牵连的人际关系。

这个准则不仅在与公司同事、街坊邻居交往时应遵守，好友之间、亲子之间、恋人之间乃至夫妇之间也应遵守。我认为，越是在处理像亲子、夫妇这种长久持续的“有束缚感”的关系时，越应该保持这种距离——保证彼此拥有在精神上能自由玩耍的空间。如果不重视这种距离，双方就有可能喘不上气来。其实，保持距离也是尊重彼此人格的表现。

曾与外国人一起生活二十余年的经验告诉我，比起“客观地看”，日本人更重视统一主体和客体的精神。这既是人与自然有密切来往的表现，也是人们追求各种“道义”所提倡的忘我之境、宗教所主张的归一精神的体现。女性在这种精神的引领下化身为舍弃自我、具有献身精神的母亲、妻子，并因将对象和自己融为一体而在光靠理性无法完成的事业上收获成功的例子，在现实中也有很多。

但是，如果过于“倾倒”或“心醉”，就会因自己与对象之间的距离消失而形成非常不理性的生活方式，产生过分的要求、过高的期待，也是不争的事实。如果你过多地奉献自己，当你有所发觉的时候，你很可能会发现，“自己”已消失，心中剩下的只有对让自己筋疲力尽的对方的恨与抱怨。我这么说并不是想鼓励大家不要奉献自己，崇尚利己主义，而是想告诉大家，我们有必要分清楚主体和客体，客观地看问题。

在与外国人一起生活时，很多时候我都会被他们那种不求回报的热情所打动。但另一方面，他们那种无法接近的冷漠感，也曾让我大吃一惊。当我的那位我觉得能为我做任何事情的亲密好友在会议上阐述与我完全相反的意见的时候，一刹那间，我感受到了被人背叛的凄凉感。但静下心来仔细想想，正因为她是一个“忠于真理的人”，所以她才会对真理持赞成意见，而非同意我的意见。在那之后，我比以前更加尊敬如此优秀的她。

当人与人的关系变成让相同数额的钱往来于两人之间的喝赏花酒般的关系时，人们之间的情感也就不可能变得更丰富。从这个意义上说，携手向更高的地方迈进，是件重要的事。

现实生活中，将公私混为一谈的人还有很多很多。企业、政治、教育等领域均是如此。改变这个局面非一朝一夕所能做到，但这是作为现代人所必须做出的一大转变。虽然过于冰冷的处理方式、彻底贯彻合理性的人际关系，也存在问题，但其反面，因义理人情优先于道理，将应在公开场合谈论、决定的事放在特殊的场合商定的做法，也会使人十分为难。在与他人相处时既具有亲密的一面，也具有严肃的一面，而其严肃的一面，我觉得可以用距离这个词来表现。

持有一颗以他人为先的心

为了让自己持有一颗以他人为先的心，必须与自己做斗争。我们正在经历史上最长的和平岁月。不知战争为何物的人，每年都在不断增加中。不过，要问社会和平是否就意味着居住在社会中的众人都拥有平和的内心，答案却是否定的。相反，拥有更好战的心却连战斗的勇气都没有的人，正在变得越来越多。弗洛伊德认为，人拥有“性本能”和“攻击本能”这两大本能，为了不让自己的攻击本能作用在他人身上，必须将这种本能用在“与自己的斗争”上。或许正因为我们懒于做这一点，所以现在的我们才变得容易生气、容易急躁。所以，我们内心的平和，只能通过与自己的敌人——各种不合道理的情欲——做斗争来获得。记住：比战胜他人更重要的是战胜自己，比指示他人做什么更重要的是让自己按照自己所想行动。

一提起“自由的人”，大家就容易认为无论做什么都能如愿的人、能随心所欲地做这做那的人便是自由的人。其实，正如孔子所说的“从心所欲，不逾矩”一样，按自己所想行动并让自己所做之事是正确的事、好事的人，才是真正自由的人。换言之，真正自由的人，不是在权衡善恶后既能选择善又能选择恶的人，而是能义无反顾地追求真善的人，不会被情感阻挠、被不自由感所拘束，能自由地行动且不会脱离正道的人。而为了成为这样的人，我们必须与自己做斗争。通常，人都会选择做自己觉得对自己更有利的事。偷盗、杀人、放火，在第三者看来都是坏事，但当事人或许并不认为，他只觉得这是对自己有利的事。甚至还有连何为坏事都不知且一直以为自己所做之事是好事的人吧！其实，无论是家庭还是学校，在教育孩子时，善恶的判断是必须教孩子或让孩子预先有所思考的。

有了“我觉得只要没有这个人，我便能和他（她）在一起”这样想法的人，可能会不能自制地杀死妨碍之人。因身为母亲的自己不久于世，在长时间左思右想后，觉得与其担心死后残疾儿不知如何生活，不如将其杀死而结束孩子的生命。这样的事例屡见不鲜。如果这些人能瞬间判断出“即使当时看起来对自己是利好的事，但他人必须承受恒久的痛苦”，自然是好事。但是，平时不懂得“等待”的人，当他们站在需要做出这个判断的十字路口时，往往因容易受到冲动情绪的影响而做出错误的判断，并进而做出令自己后悔的事。

刚才我谈到，要想持有一颗以他人为先的心，必须与自己做斗争，而这样的结果是能让自己获得真正的自由。接下来，我想谈谈作为持有一颗以他人为先的心的表现的礼仪。“亲密也要有个分寸”，是我们在处理人际关系时应遵循的一个重要原则。这句箴言不仅表达了与人保持前面我提到的“距离”的必要性，还表达了以他人为先的必要性。

在《伊曼努尔·康德最后的日子》（*The Last Days of Immanuel Kant*）这本书中，记录了以下这个故事：在去世的数天前，当经常来病房的医生来巡视时，康德这个伟大的哲学家，依然在护理人员们的帮助下勉勉强强地起身迎接，并在看到医生坐下后才重新躺到床上。重新躺下后，他开心地嘟囔道：“对人性的感觉尚未离我而去。”我们称之为礼仪的东西，康德将其视为“对人性的感觉”的表现。或许可以说，这是处于死亡这个肉体条件的支配下的人认识到自己持有超越该支配的精神力并以此为豪的一种表现吧！我们在理解“礼仪”时，也不应仅仅将其视为在顺序上将“他人”放在“自己”前面的一种表现，还应将其视为用自己的精神力战胜肉体，并活出人样的一种表现形式。

现代人不仅轻视礼仪，甚至还将礼仪视为罪恶。即使用这种态度对待虚礼是正当的，我们也不可用这种态度对待作为对人性的感觉的表现的礼仪。无视礼仪的人为了使其行为正当化，经常把“重要的是心”挂在嘴边。虽然确实如此，但礼仪是内心的自然表现，注重礼仪的心只有通过与自己做斗争才能获得。轻视礼仪或以敷衍的态度对待礼仪的人必定是宽以待己、不管是否会给他人添麻烦的人。没有用心、虚伪的礼仪很可能会使人际关系变成表面的、伪善的关系，而真正的礼仪、以他人为先的心能使人际关系变成可长久持续的令人满意的关系。

人无法给予别人自己没有的东西。如果想要培养孩子的感恩之心，自己就有必要先养成平时说“谢谢”的习惯；想培养孩子成为无论置身于多么艰难的环境都能活下去的坚强之人，自己就要充满激情地生活。

Part 5 女性与教育

养育孩子也养育自己

“宝宝最喜欢吃的东西是什么？”

“面条和咖喱。”

小朋友笑眯眯地回答着，而其身旁穿着漂亮衣服、正襟危坐的母亲的脸却突然变红了。可能她希望听到的是意式实心面、汉堡等这类食物吧？这是每年在附属幼儿园的入园测验中都能看到的一道风景。

我每周与幼儿园的孩子们交谈一次。有的小朋友一从远处看到我，就会边叫“园长老师”边朝我跑来。慢悠悠地走来的孩子、想与其他小朋友握手的孩子、玩过家家游戏时假装美美地喝咖啡吃蛋糕便觉得十分满足的孩子，都是幸福的孩子。为什么必须让这些孩子变成大人呢？

“后天我们要去挖 yimo，有谁知道我们挖的 yimo 是什么东西吗？”

老师刚说完，就从四处响起了响亮的回应声：“我知道，我知道！”

被老师叫到名字的小男孩一站起来就回答道：“是 yimo。”

这个时候，老师一点都没有慌张，接着问大家："那么，到底什么是yimo 呢？"

第二个被点到名字的孩子说："土豆。"

第三个被点到名字的孩子说："芋头。"

两个都是错误的回答。老师可能是觉得只有让孩子们有视觉上的直观感受，他们才能答对吧，接着她用双手做出红薯的形状，再次耐心地问孩子们："这是什么呢？"

话音刚落，就有小朋友用响亮的声音说出了自己认为正确的答案。

"老师，是烤红薯！"

"是红薯。"

后来，终于有小朋友说出了正确答案。这真是一个快乐的幼儿园。

因为只要我在幼儿园长时间逗留，圣心女子大学的大学生们就会开始问我"我们大学是圣心幼儿园附属大学吗"这个刁难的问题，所以每次我都得匆忙返回大学，然后夹着讲义给这些大学的"姐姐们"上课。人格论和道德教育的研究，每周一共上 4 小时。

大家对圣心大学时代的我最多的评价是"擅长消失的人"。因为过去我在兼职打工、打瞌睡等方面从不落后于人，所以现在的大学生替人答到、逃学、做兼职的心理，我并不是不知道。但是，我也不能一直同情她们。因此，有时候我会责备、提醒她们：“下次做得聪明点，别被我发现。”

对于兼任校长和园长的人而言，3 月、4 月是很辛苦的。在这两个月里，必须按照不同的水准准备两场毕业典礼和入学典礼的发言稿。我原本打算对即将从幼儿园毕业的孩子们说“请一定要成为优秀的小学生”，可边举起手边用响亮的声音回答“是”的却是在后面等待的小班孩子。而即将毕业的这些孩子也是一副想说“这不是很正常吗”的表情。

参加大学的毕业典礼的心情，和送自己亲手抚养成人的女儿出嫁的心情很相似。虽说如此，但我连孩子都没生过，更别说送女儿出嫁了。我仅仅是自己私下里揣测：“或许父母送女儿出嫁都会有这种心情吧！”在将毕业证书递给每位毕业生时，我会在心里想：与其希望你们能过上受累少的幸福生活，还不如希望你们能成为无论置身于多么艰难的环境中都能活下去的坚强之人。一想到在从日本全国各地（北至北海道，南至冲绳）来到冈山度过四年时光的学生们中，有些人从此可能无法再次见面，我的心中便充满了不舍与牵挂。

从事教育的人被比喻成播种者。即使我们这些人把地翻松了，撒上了种子，甚至做了浇水、拔草等工作，收获这件事也得交给别人做。据说，教师必须成为“以被忘记为喜的人”。希望被学生记住，是人之常情，但从心里为学生们能在毕业后找到生存的意义、能边超越自我边成长而感到高兴的人，才是真正为学生着想的教师吧！

无论是幼儿园的孩子们，还是大学生们，他们每个人都在逐渐成长。看着他们不断成长的姿态，教师除了替他们高兴之外，还必须确认自己是否也和他们一样正在成长。因为在不断成长的教师的培育下，孩子们也会不断地成长。

尊重每个人眼中闪烁的光芒

西方的老师来到日本后觉得受不了的一点是：很难通过头发的颜色、眼睛的颜色区分日本的学生。或许他们在母国教课的时候，都是边说“金色头发的玛丽”“红色头发的安”“戴蓝色发网的简”“眼睛呈茶色的某某”“眼睛如深海般蓝的某某”，边记住学生的吧！因为日本人的姓名本来就很难记，所以他们为记住学生而花费的辛苦绝对不少。尽管如此，不久之后他们便能叫出学生们的名字。据说这是因为他们记住了每个学生的个性。这是一个很重要的事实。

在英语中，individual和personal都可以表示“个人的”（译注：在日语中，这两个词的区别是：individual 侧重数量，表示很多人中的一个，而 personal 与人数没有关系，针对的是具有自己独特特点的个人）。以颁发毕业证书为例，既有将所有证书都颁发给全体毕业生代表的颁发方式，也有将毕业证书逐一发给每位毕业生的颁发方式。从每个人分别领取这一点上看，在事务所的窗口用号码领证书的方式也属于“individual”。但是，如果是将通常被视为四年学习成果的毕业证书颁发给中村这个学生，这种颁发方式便属于“personal”。虽然眼睛看到的形态是一样的，但这已不是“集体对个人”的数量问题，而是将东西交给了“该人”。

我之所以举这个复杂的例子，是因为人们认为，在当今日本，集体意识、以集体为单位的观点和行动因受到指责而衰变，其结果是，作为其对立概念存在的个人的观点变得越来越主流，并正在逐渐演变为有些过火的个人主义。矢内原忠雄先生（译注：日本经济学者、东京大学总长）在以“教育和人”为题的讲话中提到：“为了在日本培育正确的民主主义，我们有必要学习基督教所倡导的人格概念。”

当我们不管personal的语源person（人格）指的是什么，只思考“个人”时，我们就容易觉得“个人”仅仅是作为数量存在的“一”。我们不可忘记一点：这个“一”指的是不可替代的“一”，它的独特性不仅仅是因为每个人天生拥有与众不同的头发颜色、眼睛颜色、身高、脸型，还因为每个人都作为拥有独立人格的人生活在世上，并因此显得与众不同。

英国产良种马、拥有血统书的狗，从遗传的角度看，已经是非常优秀的马、狗。对于它们而言，想要保持优秀的血统，只要拥有良好的环境即可。但是，人是拥有独立人格的高等动物，换言之，人是拥有思考能力、选择能力，并能给遗传和环境带来影响的高等动物。也正因为如此，称为“personal”的“个人（的）”这个词被创造了出来。

当我们忘了由每个人塑造出来的“个人”的存在，从头到尾只记得作为数量存在的“个人”时，社会上只会出现由持有“不同”的“一”汇集而成的难以收拾的局面。即使将这些“一”加在一起，也无法打造出一个共同体。

西方老师们记忆中的“个性”，与其说是因眼睛颜色的不同而产生的，不如说是因每个人眼中闪烁的光芒不一样而产生的。眼中闪烁的光芒、笑脸、微笑、温暖的话语、反应方式，只有在这些每个人所持有的“individual thing”中存在每个人自己创造出来的“personal thing”。而且，我们在说“人的尊严”时，针对的是像这样的“个人”的应有状态。

不娇纵姑息的教育方式

我当年所上的小学，是一所很罕见的男女混合学校。在这所小学里，每个班级由 20 名男生、10 名女生组成，而班主任则随学生升级从一年级一直管到六年级。它和同一学园经营的七年制中学都位于武藏野的一角，在学校的附近有一个很适合学生玩耍的宽敞的操场和一片松林。很多学生都乘坐当时被称为“省线”的国有铁路电车从东京各地来这里上学。

这个学校的不同之处在于，每天上课前都会举办被称为“凝念”的集会。在这个集会上，学生们都先聚集在大讲堂念经，再在敲响的钟声的余音散去前，边将十指交叉的双手放在膝盖上边沉思。如此一来，无论是淘气的男孩，还是爱说话的女孩，都能让他们闭上嘴巴，在上课前平心静气地待一会儿。

学校每年都会举办试胆大会。正如字面所示，试胆大会是考验学生胆量的大会。在举办试胆大会的这一天，大家先回家，傍晚时再来学校，然后等到天黑后到地广人稀的学校周围巡逻一圈。光待在武藏野的树林中，就令人觉得孤单恐惧，却还要以一副快要哭出声音的表情忍受中学生躲在四处吓唬自己，这真考验人的胆量。待学生完成与自己所在年级相对应的巡逻路线后，便可以和接自己回家的家人一起回家了。

学校还会举办断食大会。在这一天，学生们在上学前不能吃早饭，从早上到下午 3 点不能喝东西吃东西，过了 3 点后，和教职员一起聚集在大食堂喝粥吃梅干。如今，喝粥吃梅干时所感受到的美味，依然刻在我的脑中。这是让小学生切实感到饭食的珍贵的一天。当时的饭菜采取的是学校供给的方式，哪怕只是剩一点，也必须吃完，而且在你将它吃完前，班主任是不会起身的。我记得在举办被称为“乃木祭”的这一天，菜肴我们只能吃乃木希典将军（译注：日本军事人物，陆军大将）幼时因讨厌吃而被母亲在骂声中逼着吃的胡萝卜。

学园的园艺场位于离校舍不太远的地方，我们从小学低年级开始在园艺老师的指导下耕地、播种、拔草、挑粪桶。我记得我们经常得意扬扬地背着自己亲手种的蔬菜回家。

这所小学接收的都是经济上宽裕的家庭子弟，也正因为如此，该学校禁止一切追求虚荣的行为和铺张浪费。让我现在依然印象深刻的是，日本屈指可数的水泥公司的社长的儿子，当时经常穿着打补丁的衣服上下学。用自家车接送更不用说，只要没有特别的理由，连以坐公交车的方式从车站到学校，都是被禁止的。于是，即使是刮风下雨的日子，我们也得用自己稚嫩的双脚，花 20 分钟从车站走到学校。

虽然这是一种不娇纵姑息孩子、不巴结有权有势的父母的教育方式，但这也是一种令人觉得温暖的教育方式。虽然每月都没有教学参观日，但孩子们都成长得很好。

“请按照老师吩咐的做。”这是我母亲经常挂在嘴边的口头禅。这里的老师也确实值得父母如此信任他们吧！在我们每天提交的日志上，班主任都会写上他的感想，不会过分夸奖孩子，也不会言辞激烈请家长管教那些“不听话”的小孩。

这所在当时也算是与众不同的小学所采取的教育方式，和现在的学校相比，让人感慨颇深。它对孩子们的要求是非常严格的，但是这种严格不是为了严格而严格，也不是为了满足教师的施虐心理，而是一种因对孩子们存在的可能性和精神力充满信赖而产生的挑战力。而在这里的孩子，通过学校活动和课堂学习，在经历辛苦、忍耐和努力之后，切实感受到了喜悦、自由、光荣。这种喜悦、自由、光荣，不同于如中彩票般无须付出任何辛苦便能侥幸获得的喜悦、任意妄为的自由、通过排挤和欺负他人而获得的光荣。因此，我们能将这些感受真正称为自己的感受。

现在，我依然对这所小学充满感激。我并不是说现在的小学都应该像这所小学一样。但是，我觉得小学除了应让孩子们在知识领域发起挑战外，还更应该拥有一套信赖并挑战孩子们的精神力的严格制度。最重要的是，我希望现在的小学能让孩子们在数十年后发出“能在那所小学上学，真幸运”的感叹。

设身处地地为孩子考虑

前几年，我去美国做演讲的时候，曾因在加利福尼亚听了威廉·格拉瑟博士（译注：美国心理治疗学家、现实治疗法的创始人）的一番话而感动不已。格拉瑟博士是《没有失败的学校》（ *Schools without Failure* ）的作者，是某州青少年教育的指导员。

让处于病态中的美国变得越来越不正常的是，青少年之间的性犯罪、酒精中毒、麻药惯用者的不断增加。而学校教育对该令人担心的事态绝对有不可推卸的责任。今天，美国的青少年平均每天看数小时电视，而电视所呈现的世界是虚幻的，充满快乐和趣味的。一言以蔽之，电视播放的内容给他们的印象是"无论什么，都进展得很顺利"。然而，当他们到学校后却发现，现实世界完全不是这样的，无论是父母还是老师，不仅会无视本人能力的高低，高举高分、升学、就业等数个目标旗帜，逼迫自己完成这些目标，还会给未完成目标者毫不留情地贴上“失败”的标签，称他们为“劣等生”“落后生”。而这样的结果是，很多青少年的境遇变得很悲惨，对他们而言，学校就是一个恐怖的地方、令人讨厌的地方。接着，他们会借助性、暴力、麻药努力消除在学校形成的自我否定心理。作为一个独立的人必须持有某种自信生活的他们，却在热闹场所通过性、暴力、偷盗挽回与其说是在学校得不到，不如说是被学校摧毁的自信，并通过酒和麻药让自己暂时忘了悲惨的自己。

为了使美国变好，仅仅将这些青少年从热闹场所带回教学场所，是不够的。更何况，几乎无法通过惩罚得到什么收获。因为学校必须先成为让青少年拥有自信的场所。学校必须由从前的目标指向型学校转变为没有失败者的学校。青少年想要的不是达成目标，而是发挥作用。目标是指一个应达到的标准，而作用是一种自我确认，代表自己在社会上的存在意义。当父母、老师都拼命逼迫青少年朝着目标努力时，占据他们内心的很可能是“这和自己有什么关系吗”这个疑问。大人们在回答这个问题时，还会指向目标：“等你实现目标，便能明白了。”而对青少年而言，“当下”才是最大的问题。

学校，既不是一个零售知识的地方，也不是一个助学生向高级学校升学、开启飞黄腾达的大门的地方，而是一个让每个孩子逐渐成长为人的场所。而且，他们在成长为人的过程中，最需要对自己的价值持有肯定的态度和坚定的自信。如果孩子在上学后变得很惨，并丧失了活下去的自信，那么“失败者”的标签不应该贴在孩子身上，而应贴在无法让孩子拥有自信的学校身上。

以上是格拉瑟博士的演讲稿的重点内容。在演讲现场，原本热闹地聚在一起、喜欢聊天的女教师们也在安静地听格拉瑟博士发表演说。博士说的“没能成为人的失败（failure to be human）”，给我留下了十分深刻的印象。

正在委托博士开展指导工作的学校的一名教师，对“演讲结束后，如何在实际的学校教育中实践这些理论”进行了举例说明。

“在我们学校，当孩子们有不好的行为时，我们不问孩子‘你为什么这么做（why are you doing）’，而是会问‘你知道自己在做什么吧（what are you doing）’。如果问‘为什么’，不仅孩子容易找借口，老师也容易找到满意的答案。我们教育孩子的目的，不是为了培育出擅长找借口的孩子，而是为了让孩子本人知道自己是否真的理解自己正在做的事，以及做这件事的意义。

“与其问逃学后从早到晚一直在热闹场所闲逛的孩子‘为什么这么做’，不如让他思考‘从热闹场所得到了什么’‘是否真正了解逃学的意义’这两个问题，并找出答案。比起不分青红皂白地惩罚孩子，耐心地听学生解释‘为什么’，或许更有教育意义吧！但是，我们比引导孩子给出道德层面的回答更进一步：我们会思考这个孩子未被满足的欲求是什么，是否能用其他更健康的方法满足他的欲求。”

说这些话的老师是一名二十多岁的年轻男士，他的每一句话都彰显了他关注每个孩子并设身处地地为他们考虑的温暖人性，都深深地打动了我们在座的每个人。

教育到底是给予了还是剥夺了每个孩子活下去的自信？到底是让每个孩子加深了对他人不具备的自我价值的自信，还是只让他们认识到了和他人比较的价值？如果学校因过于追求目标而失去了寻求自我作用的青少年，学校不就会只围着课程、升学指导转，而忘记应从孩子的观点看、思考事物了吗？肩负着教育重任的人有必要在这个问题上多多反省。

正确的教育培养孩子选择的自由

在做日式剪裁工作时，有一项关键工作是在难缝且此处的好坏会影响整体的地方（即可称之为“要害之处”的地方）缝上稀疏的线。因并不是什么地方都需要做这项工作，只有在难缝的地方才会如此，所以做这项工作是需要忍耐力和技术的。而这正好也是我们教育孩子所需要的。但是，不管怎么说，最重要的一点是，“稀疏的线”迟早会被拆除，疏缝的意义不在于“缝”，而是在于在拆除之后会留下美丽的姿态。原来的疏缝用线按照这个宗旨，用的都是朴素而不显眼的线。现在，在孩子的教育上，存在将金线、银线作为疏缝用线缝制的倾向。而这么做有悖于这个宗旨，这与其说是希望孩子拥有美丽、自由的姿态的美好愿望的体现，不如说是为了满足自我、撑门面。

最近，和“斯巴达式教育”“女孩的教育方法”有关的书籍十分畅销。而另一方面，不教育为好的说法在社会上也很流行。虽然在内容层面，即“何为教育”上还存在争议，但教育无用论者的论点大多按照以下的三段论法展开论述：教育使人出现欲求不满的状态。而欲求不满是导致神经官能症的原因。因此，教育会引发神经官能症。如果像这样的三段论法是正确的，那么教育很可能会被争先恐后地敬而远之、视为罪恶——因为天下没有父母会希望自己的孩子患上神经官能症。有的父母觉得三段论法未必不正确，并将它作为挡箭牌对教育持否定态度。他们或许是因为对教育十分没有自信，所以才想利用三段论法使自己的行为正当化吧！但不管怎样，我都希望他们能花点时间思考一下欲求不满和教育的关系。

“人穷志短”“衣食足则知荣辱”等源自古代的谚语都表明，丰富的物质、富裕的生活对理想人格的形成很有益。可是，要问在平均生活水平已上升、物质丰富的现在，人的内心是否也已变得富有而幸福呢，答案却是未必如此。和物资匮乏时人人所呈现出的“营养不足的脸”存在质的不同的“觉得不满足的脸”，在大街小巷随处可见。每个人的生活明明没有那么差，可大家还是会在和他人做比较后产生自卑情绪，觉得不满足。这可以说是受“隔壁的车看起来很小”等广告语的影响而或产生优越感或觉得自己悲惨的当今世人的生活态度的部分体现吧！在物资匮乏的时候，“自给自足”一词被频频使用，社会大力提倡靠自己的力量筹备粮食、衣料等物资。而在物资丰厚的现在，自给自足的生活再度被提倡。不过，现在的自给自足指的是精神上“知道满足”的生活态度，而自给自足的生活指的是对自己的生活方式持有自信且不和他人比较、拥有自尊心的生活。

我们不仅不能原封不动地接受“教育会引发欲求不满”这个命题，还必须将注意力放在“能逐渐健康地消除欲求不满的教育是最理想的教育”上。“等 3 分钟吧”这句广告语说的是要学会静静地忍耐、等待。但是，现在的人们，特别是出生并成长于速度竞争时代的孩子们，并不擅长等待。忍耐好像是件难事。有一名小学生因偷窃文具而被逮住，在文具店老板通知家长前来领孩子回家后，衣着华丽的母亲坐着私家车前来对负责此事的官员说道：

“为什么会偷这么小的东西呢？这个孩子从出生以来，我明明一直都让他生活在十分自由的环境中啊！”

你或许会觉得有钱人家的孩子扒窃东西是件奇怪的事，其实，我们必须意识到一点：当今这个时代的欲求不满，并不是因为真正缺少什么，而是源自无法得到“想要的东西”的不满足感。或许这位母亲，凡是孩子想要的东西，都会全部买给他，不论孩子想做什么，都会立刻同意，只要孩子讨厌做什么，就会不让他做吧！这位母亲说的“让他生活在十分自由的环境中”，可能指的就是这个意思。但是，这位母亲并没有意识到，以这种方式培育孩子，实际上只会培育出不会控制自己的欲望、不会忍耐、不会等待的“极其不自由”的孩子。不仅限于物欲，追求快乐的欲望、坚持己见的欲望亦是如此。现在，一想到什么便要迫不及待地得到的孩子们以及大人们，已做出很多违背道德规范的行为或与这些行为类似的事，并因此给社会带来很多问题。

真正自由的孩子也是能做出正确选择的孩子。我们不可忘记，人的自由，从根本上说，是指“选择的自由”。虽然极其小的孩子的教育确实需要强制开展，且必须通过反复开展使之习惯化，但我们必须慢慢地将针对他们的教育变为“让孩子思考、让孩子选择”的教育。

通过给孩子创造很多选择的机会，父母、老师能培养孩子先判断后选择，并对选择的结果负责（因为选择即意味着要承担舍弃其中一方的残酷）的积极态度。既可以让孩子在“如果胡乱吃饭，不是肚子疼，就是动作变得迟钝”和“控制自己吃适量的饭，或许有些痛苦，但饭后不会感到难受”之间二选一，也可以让孩子在“如果只看电视，做作业的时间就会变少”和“如果控制看电视的时间，做作业时就不会因时间少而觉得痛苦”之间做出选择。不让孩子吃饭或不让孩子看电视，不是正确的教育方式，开展让孩子先思考再选择的教育才是重要之举。

如此一来，孩子们不仅能知道所谓“自由”，不是指“电视想看多久就看多久”，而是指自己具备在“无休无止地看”和“中途关电视，写作业”之间做出选择的自由，还能记住自己必须对自己选择的结果负责。人们很容易将教育和自由的关系视为对立关系。其实，所谓教育，即控制人源自本能的、冲动的行为，培养人具有“自由地”选择对自己真正有利的行为的自制力的一种行为。从这个意义上说，教育是保护了人的自由，而不是侵犯自由。

对于人而言，欲求是人行动的动力，是生命中极其重要的东西。当有欲求却得不到满足时，就会产生紧张感，并进而在恢复平衡状态前产生不安稳感。

教育自动存在于孩子的欲求得到满足之时。

这是在幼儿教育领域备受世界关注的玛利娅·蒙台梭利说的话。在实践蒙台梭利教育法的幼儿保育室，可以看到3～5岁的孩子们集中在一处以令人难以置信的沉着安静之态玩耍的情景。之所以能看到这样的情景，是因为该教育法并没有实行未根据存在个体差别的孩子们的兴趣爱好、发育阶段开展活动的一起保育法（译注：所谓“一起保育”，是指保育员按照设定好的目标，让全体孩子在规定的时间内按照规定的内容一起活动），而是主张让孩子们自由地选择教具、自由地玩耍。该教育法引导孩子在按照自己的发育阶段和能力操作后收获大功告成的喜悦，逐渐让孩子具备了对幼儿的人格形成而言具有极其重要的作用的自信。而且，自己感兴趣的操作对于孩子而言，能成为“有意义的操作”。教育也能从内而外地进行。

当孩子们不能平静地行动，并出现反社会的行为时，是否不是光训斥、惩罚孩子，或采取放任主义，而是通过探讨研究孩子们的欲求是否已得到满足，实施从内而外的教育，显得至关重要呢?

马上满足孩子们的所有欲求，是不可能的。而且，有的欲求还不可满足孩子。我们必须让以为世界就是围着自己转的孩子们知道世界并非围着他们转（虽然这样很残酷）。通过像父母、老师一样深爱孩子的人告诉孩子这个事实，孩子们或许就能逐渐将这个残酷的事实作为真话接受。有时，孩子们具有让大人都自愧不如的强大的、卓越的精神力和判断力。

如果我们周围存在因坚信孩子的欲求不可压制而让孩子想做什么便做什么的父母或老师，那么这样的父母、老师即使能增强孩子们想做什么的欲望，也难以提高他们的主体性。而且，这么做或许是尊重孩子出自动物性本能的自由的表现，但孩子身上潜在的、等待被发现的人格自由——也就是将自己从低层次的欲望解放出来、拥有人本来的姿态的自由——却被忽视了。正如前文所述，所谓“自由”，不是指让孩子想做什么便做什么，而是让孩子拥有在“想做什么”和“不做什么”之间做出选择的自由，单方面满足欲求，并无法创造出选择的机会。

为了不让忍耐成为损害精神卫生的有害之物，我们就有必要找出忍耐的意义。人们常说“心中有爱，便不会觉得辛苦”，同样地，有意义的痛苦也能给我们带来喜悦。我们能一动不动地等 3 分钟，也是因为我们知道等待的意义吧！比如“只要等 3 分钟，咖喱饭就会端上桌”等。在教育孩子时为了让孩子理解教育的意义，我们也有必要像做日式剪裁一样，认识到教育与被教育者的将来的美好姿态、幸福是息息相关的。一提起教育，我们就容易认为“教育＝不是聪明的行为”，而实际上，教育是非常聪明的行为。

维克多·弗兰克尔曾说：

无法发现人生的更大价值的人，举个例子，很可能会因小指变弯曲这样的小事患上神经官能症。

对于不知道世上有很多事比小指变弯曲更重要的人而言，或许小指变弯曲就是人生最大的悲剧。其实，我们在生活中能通过发现真正的价值控制大部分喜怒哀乐：既可以通过看清让自己生气悲伤的事的真正价值，让悲伤情绪烟消云散，也可以通过研究让自己得意扬扬的事的真正价值，让自己变得冷静谦虚。对待欲求也是同样的，我们不可忘了我们应弄清楚自己的欲求是真正需要的，还是因和他人比较而产生的非必需欲求。像这样不厌其烦地分辨清楚，正是“教育”的一种。

教育确实能发挥刹车的作用。至于刹车和神经官能症是否有关系，则要看刹车方法。以正确的方式刹车，可以让孩子认清现实世界的残酷，知道自由的真正含义，取得不是让孩子被欲求折腾得团团转，而是让孩子认清欲求的价值、发现忍受痛苦的意义的教育效果。正如日式剪裁中的疏缝需要裁缝具备在爱情和希望的支撑下才会产生的忍耐力一样，孩子的教育也需要大人从以自我为中心转为以孩子为中心，并拥有广阔的视野、采取谨慎的行动。这做起来确实很麻烦，但教育的目的不是“束缚”，而是“解放”，自由指的是如同孔子在论语中所阐述的“七十而从心所欲，不逾矩”的那种内心的自由。

希望大家对“人的成长是从动物性自由向精神自由、人的自由转变”这一点持有自信，花点时间思考正确教育的应有状态。

怀着爱、信赖与敬畏来教养孩子

现在，日本幼儿教育界对“蒙台梭利教育”的关心日益高涨。该教育法的创立者是一位名叫“马丽娅·蒙台梭利”的意大利女医生。虽然该教育法早在二十世纪一二十年代就已闻名日本，译著也出版了好多本，但它并未发挥很大的作用。其中一个原因是：该教育法的特点是采取个人操作的方式，而个人操作的方式与当时致力于强调集团意识的日本国策并不匹配。

另一个原因是：该教育法在介绍时，比起理念，更重视技术和方法，而且始终使用被称为“蒙台梭利教具”的教学用具开展教育活动，因而人们认为孩子在学习的同时并无法回顾之前所学的内容。后来，该教育法的作用被人们重新认识，特别是从蒙台梭利诞辰一百年的 1970 年开始，日本各地掀起了一场学习蒙台梭利教育法的热潮。在这场热潮中，沉迷其中的人和冷静地批判该教育法的人同时并存。我觉得，从事教育的人应该从为孩子们的幸福考虑的角度出发，打开自己的心扉，研究讨论该教育法能给今天的幼儿教育界带来什么益处和弊端。

蒙台梭利教育法所贯彻的最根本的思想是“人格”的思想。它一直坚守这个信念：幼儿虽然年龄小，但他们每个人都是被赋予了理性和自由意志的拥有独立人格的个体，他们的成长是在其内在生命力的作用下，按照其发育阶段，在被准备好的环境中实现的。而且，它还认为：这个时期的正常成长，能对其一生的人格形成起到很大的作用。因此，实践该教育法的老师，不是灌输知识的人，而是整顿环境的人，站在孩子和教具之间让孩子理解持有教具的意义的人，怀着爱和信赖守护每个孩子的成长的人。因为蒙台梭利本人当过医生，所以“观察”孩子也成了老师的一大任务。在蒙台梭利看来，老师，不是不关心每个孩子、只向孩子灌输提前备好的教案的人，而是必须是以孩子为出发点，向孩子们学习的人。

在以人格思想为基础的该教育中，拥有独立人格之人的生活方式的训练，换言之，自己判断、选择并对结果负责的训练，一直被作为最重要的事。孩子们一进幼儿园，便可以从放在保育室的架子上的蒙台梭利教具中自由地选择自己想使用的教具，并按照老师教的使用方法用该教具操作。等到操作结束后，再将教具像原先一样放回架子上。这一连串的动作所体现的被尊重的人格思想，可以分三点看：

（一）不让孩子们以在室外来回乱跑度过早上这段清醒的时间，而是让他们集中精神玩教具的方式，重视幼儿也具备的“理性”及其作用。（二）

通过让孩子选择教具告诉孩子们，“自由”不是指可以随便做什么，而是指在自己想做的事中选择其一。（三）通过要求孩子们完成所选教具的操作以及让孩子把教具像原先一样放回架子上，让孩子记住自由的行使必然伴随着责任。这种内容包含理性的尊重、自由、责任的教育，是一种训练孩子掌握拥有独立人格之人的生活方式的教育。

该教育法视为目标的人格形成，借用蒙台梭利本人的话说，是“孩子的正常化”。她使用的正常，与其说是指异常的矫正，不如说是指正常的发育。认为人的正常姿态表现为“精神的优越性”的蒙台梭利，通过教具开展一项对于人而言极其重要的训练：通过感觉将察觉到的东西传给大脑，然后按照大脑发出的指令行动。在当下这个被称为“短路人”、凭感觉行动的冲动之人变得越来越多的时代，这种让人从幼时开始拥有“思考的时间”的教育有多么重要，不言而喻。

蒙台梭利教具还能让孩子们体会到完成某项任务的成就感，并对自己的能力逐渐建立起自信。因为该教育法贯彻的不是集体保育法，而是以个人操作为主，所以每个孩子开展的是与他们的发育阶段（也被称为敏感期）相匹配的操作。而这样的结果是，不仅能预防发育迟缓的孩子持有在集体中容易感受到的自卑情绪，还不会让发育较快的孩子因太过无聊而做出反常行为。而且，在教具的内部也形成了可以让孩子获得成就感的构造（这在后面我会提到），因而孩子们可以体会到“靠自己完成某项任务的喜悦”。虽然这或

许只是孩子们在非常小的事情上获得的满足感，但从中获得的自信就是一种自己的价值认识，而且，幼儿期间在爱与信赖的氛围中每天积累起来的安稳感对孩子一生的人格形成的影响之大，是难以估量的。

因为孩子开展的都是与自己的能力相匹配的操作，所以每个孩子都能沉迷其中，在从 2 岁 9 个月至 6 岁左右的孩子中，我们都能意外地看到全体全神贯注地玩耍的情景。而这一点不可能对孩子的人格形成没有影响，而且在这个过程中，孩子们会逐渐具备集中力、沉稳感、独立心。

在日常生活训练、感觉活动、算数、语言、美术、音乐、科学等各种各样的领域，蒙台梭利教育法都持有促进、帮助孩子正常发育的作用。而该教育法之所以无法马上直接引入日本幼儿教育界，是因为现在还存在教具购买的问题、保育室的空间、由不同年龄的孩子组成一班的班级的保育问题、老师与孩子的数量比例问题、与文部省的指导要领的关系等众多问题。虽然问题这么多，但其实，最根本的问题是，作为该教育法的根基存在的人格思想，大家无法在短时间内掌握，而如此一来，老师就会觉得只是给孩子教具玩，难以取得该教育法视为目标的效果。如果反过来考虑，可以说，只要让人格思想在孩子中渗透，重新做到“将出发点放在于教育场所容易遗忘东西的孩子上”这一点，即使没有教具，没有准备好特定的环境条件，该教育法的目标也能实现。我想在这个意义上，边介绍蒙台梭利教具的特色，边和负责幼儿教育的人一起，就当下日本教育的正常化稍稍展开思考。虽然我在这儿说的话，均以幼儿教育为中心，但与整个教育有关的重点，我都会谈到。

通过教具实现人格的教育

刚才我阐述的被应用于各个领域的众多教具所具备的共同条件有四个：

（一）拥有适合孩子玩的大小和重量；（二）美观；（三）一个教具只需要孩子完成一个任务；（四）教具本身能检验孩子是否使用正确。

毫无疑问，作为教具销售的东西都具备以上这四个条件。一般认为，当我们认识到每个条件所持有的教育意义时，我们往往就会脱离教具，在与孩子接触时多多关心孩子。

（一）教具拥有适合孩子玩的大小和重量。

在蒙台梭利保育室中，家具、作为日常生活训练道具供孩子使用的扫帚、簸箕、熨斗、水池子等，都选择适合孩子使用的尺寸、重量、高度。这些物品不是孩子在玩过家家儿游戏时使用的迷你版，也不是适合大人使用的标准规格的物品。正因为如此，在保育室中，孩子们不仅能使用与自己的身高相匹配的扫帚将垃圾漂亮地扫在一起，还能在挨着水池子洗手时做到不洒一滴水、在搬运东西时不让东西掉落。在对孩子们而言只有一次的幼儿期，像大人们都使用适合自己的物品一样，让孩子们生活在大小与他们相匹配的物品中，不仅是尊重人格的一次性（译注：所谓一次性，即形成后即不可更改）的体现，还能让孩子们拥有源自成功的、通常难以获得的自信。

在动不动就以父母为中心、以幼儿园为中心或以买卖为中心（这是更糟糕的情况）制作教材教具，并将它们给孩子们使用的现在，我们能更清楚地从蒙台梭利教育中看到将教育的出发点放在孩子上的基本姿势。这不是一种以娇惯孩子、对孩子百依百顺为主要形式的教育，而是一种以孩子的发育为中心的教育，一种体现出让孩子在他们所处的环境中获得安稳感的特殊照顾的教育。

（二）美观而无低劣感。

虽然认为什么美观，将什么称为低劣品，也要看个人的感觉，但蒙台梭利教具通常不会让人觉得是低劣品。因为专业人士在制作蒙台梭利教具时，不仅会尽量使用自然木材，努力使颜色、外形等的协调之美呈现出来，还会准确地把握教具的大小和重量。

教育是无法通过去除孩子身上丑恶的东西实现的。但是，我们可以通过培养他们识别美好的东西、真品的眼力，让他们摆脱丑恶的东西、虚伪的东西。身为基督教徒的蒙台梭利应该对“人是由上帝创造出来的，人心会自然而然地追求真善美”这一点是深信不疑的吧！在日本当下，孩子们也正处于低俗品、虚伪、罪恶的团团包围中。在这个时候，让孩子们远离这些东西，是件重要的事。而更有效的教育方法是，让他们成为自身能被美好的东西吸引、知道做善事的喜悦、仅仅靠做正确的事便觉得满足的人。

（三）一个教具只需要孩子完成一个任务。

具有代表性的教具之一是，由边长为 1 厘米～ 10 厘米的 10 个立方体组成的教具。为了方便孩子们识别大小，这些立方体被堆积成了塔状。而且，为了不让孩子们的注意力被五颜六色的颜色分散，10 个立方体都被涂上了相同的颜色。如果是以让孩子辨别颜色为目的的教具，立方体便会被做成相同的大小。如此一来，一个教具只能给孩子提供一个任务。而这么做对培养孩子的集中力也是大有帮助的。

“一切东西的存在都是有目的的，我们必须明确它们的目的”是蒙台梭利的世界观，正是这个世界观使蒙台梭利教具的特点清楚地呈现了出来。幼儿在玩这些教具的时候能学到一个重要的真理：每个教具都有其存在的目的，且其目的，只要人使用正确的手段便能达成。其实，在人生路上，目的和手段的一致也能给予我们生存的意义和满足感。当上大学的目的正通过每日的刻苦学习逐渐达成时，学生便会觉得满足。而当无法达成时，不仅学生生活会变得无聊，该学生也必须再次探讨上大学的目的或选择其他能助自己达成该目的的手段。蒙台梭利教具通过老师的指导向孩子传达每个教具存在的目的以及达成目的的手段，不仅能让孩子知道目的和手段的关系，还能让孩子在每次完成操作时体会到满足感。如此一来，孩子便能被培养成常常能收获满足感的人。

也有人批评说，规定教具的使用方法会伤害孩子的创造力。但是，就像我们在弹钢琴或画画时，如果不先接受基础训练，学习手指的正确使用方法和与颜色有关的基础知识等，就会弹得或画得乱七八糟，并无法发挥创造力一样，这些教具的主要目的是，让孩子在掌握基本用法后，充满自信地发挥自己的创意。事实上，孩子们在掌握基本用法后，通常都能边极富创意地利用教具所持有的特点，边变着方式使用它们。在没有安稳感的地方，我们无法获得真正的自由。我觉得，在丧失目的、丧失方向的现代，只有从事教育的人持有信念，并朝着目标大踏步前进，才能让教具具备这个条件。此外，我们还能从蒙台梭利教具的特点中学到一点：幼时养成的基本生活习惯，非但不会影响孩子在长大之后对自由的追求，还能确保他们活得更自由。

（四）教具本身能检验孩子是否使用正确。

这一点如果不结合具体的教具，也是很难解释清楚的。接下来，还是以刚才提到过的 10 个立方体为例。因为它们每一个都是按照准确的尺寸被制造出来的，所以当按照正确的顺序堆积或排列的时候，这些立方体会被堆积成或呈塔状或呈台阶状、具有协调美的图形。如果堆出来的图形缺少协调美，无须老师指出，孩子就能在操作的过程中发现错误。如此一来，错误不仅不会夺走孩子的自信，反而能让孩子获得“靠自己完成”的喜悦感。

现在，过度保护孩子的父母变得越来越多，这些父母并没有给孩子试验自身能力的机会。而且，物质文明发达的社会大多时候也仅仅让人作为受益者处于被动的立场，减少了很多让人通过努力创造什么的机会。然而，人格是无法自动形成的。其实，在对孩子的关照无处不在的保育室内，在充满老师对孩子的爱与信赖的氛围中，让孩子们不怕失败，反复靠自己的力量动手操作，完善的人格便能逐渐形成。只要是人，无论谁，都会犯错，因孩子犯下一点错误而让孩子产生自卑感、厌世情绪或丧失自信等，是不正确的做法。比起为了不让孩子失败或犯错而给孩子提供无微不至的照顾，创造让孩子可以从错误中学习东西的氛围，并让孩子犯的错误有助于人格的形成，能取得更好的教育效果。

以上我对蒙台梭利教具所蕴含的教育意义进行了简单的解释说明。当现在的教育必须将出发点放在孩子身上，并重视每个孩子的发育特点和能力，更积极地推动孩子形成人格的时候，我们接下来需要学习很多东西。

有一次和大学同学聊天，无意中聊到了孩子的教育。她告诉我，她现在上中学的儿子，曾在实践蒙台梭利教育法的幼儿园上学。

我问她："怎么样，该教育有效果吗？"

她回答道："虽然不知是幼儿园教育的结果，还是孩子本身的性格使然，但他确实不怎么在意其他孩子在做什么，只做自己认为好的事。"

接着，她还补充道："比如，即使某样东西其他孩子都有，他也不会想要这样东西，只会满足于自己拥有的；即使朋友都去打棒球了，他也会进屋看书。虽然如此，但他的人际关系并不差。"

我绝不是想通过这个例子宣传蒙台梭利教育法的效果，我想说的是，这确实是该教育法所能取得的效果的一个体现。我大学同学的儿子的做法，体现的是他对自己的生活态度的自信。可以说，这不是一种自以为是的自信，也不是一种毫无根据的自信，而是一种经过在每次完成操作后收获的实际成绩证明的自信。持有这种自信的人，不仅允许、认可其他孩子拥有独自的世界，还尊重自由选择自己喜欢的生活方式的其他人的“选择”，且不妨碍他们做选择。为了不让个人操作引导孩子走向错误的利己主义和个人主义的道路，该教育法一直将尊重他人的自由、体谅他人作为教育的前提。实际上，该教育法的大原则是“在限度内的自由（liberty within limit）”，而规定这种自由的是“共同体之善”。在实施蒙台梭利教育法的幼儿园，妨害其他孩子操作的孩子，不仅会被严厉规诫，还会被彻底灌输自由的概念：所谓自由，不是指不用考虑是否会给他人带来麻烦，想做什么便做什么，而是一种“选择”的自由。

在没有自由的地方，人无法成长。而在自由无法被正确理解的地方，则会发生混乱。人格思想告诉我们，所谓人特有的自由，是一种遵从理性做出选择的自由。选择即意味着舍弃什么，并对此负责。在《小王子》中，狐狸曾对小王子说：“照顾他人的人一直肩负着责任。”其实，孩子们从2岁9个月左右开始便能通过爱惜教具、采用满足某个目的的使用方法、将物品放回原处，学习对自己选择的东西（自己喜欢的东西）负责。

在幼儿园，孩子们每天过的是一起唱歌、互相倾听、一起在室外玩要、共同分享点心的集体生活。个体与集体的关系，也能通过教具告诉孩子们，让孩子们将用完的教具整齐地放回架子，不仅能让孩子对教具负责，还能让孩子对自己以外的社会，即其他孩子负责。在告诉孩子 10 个立方体缺少一个即不能发挥作用的同时，告诉孩子每个立方体都拥有其相应的价值（比如第 3 个立方体，正因为其前面有第 2 个立方体，后面有第 4 个立方体，所以才拥有其作为第 3 个的价值），还有助于孩子理解个体与全体的关系、每个个体之间的关系。

应社会的要求，相关人士请美国的一名讲师来大学举办蒙台梭利讲习会。因为讲习会好评如潮，所以在全国各地举办了 13 场之多。这 13 场讲习会都由我担任翻译，因而在耳濡目染之下，我也学了不少东西。虽然我知道这么说会受到专门学过该教育法的人的批评，但我还是想说，我觉得或许正因为我不是保育专家，所以我反而能从人格思想的角度、普通教育的立场来评价该教育法。

我希望已掀起一场热潮的该教育法，不会像其他热潮一样短命，并再次消失。为了让它在社会中扎根，我们不可只关注教具的使用方法、保育的形态，必须上升至哲学高度，弄清为什么会存在该教具、该保育形态。从事幼儿教育的人，最需要培育的是一颗承认幼儿作为拥有独立人格的人存在的可能性及其拥有的尊严，并满怀着爱、信赖与敬畏与幼儿接触的心。

妈妈，多笑笑

有人说："摆出一张可怕的脸的和平主义者，和黑色的雪一样，是矛盾的。"同样地，总是一脸阴沉的母亲，也是矛盾的。因为母亲对于孩子而言，必须是太阳般的存在。

市面上曾出版一本名为《妈妈，多笑笑》的书。对于孩子而言，家庭是否和睦，特别是母亲是否常常露出笑脸，十分重要。和睦的家庭氛围和母亲的笑脸可以给孩子安稳感和自信。

我有个学生如今已是三个孩子的母亲。她在上大学的时候，不仅深受大家的喜欢，还和很多男同学关系不错。但是，无论和他们如何开心地玩耍，她都不会跨越界限，都会与他们保持适当的距离。

在毕业前夕，我问她是否有保持距离的"秘诀"。而她的回答却让我十分意外。她说："老师，我是三姐妹中的长女。两个妹妹都是智障儿。但是，我的妈妈对我们从来都是一视同仁地对待，把我们都当作宝贝培养。"

我觉得，没有比这个更恰当的回答了。正因为家中有爱有温暖有欢笑，且无论能力高低、是否有毛病，每个孩子都被当作“宝贝”对待，所以孩子们在不知不觉间就学会了如何珍惜自己。

想要“常常喜乐”，我们必须拥有一颗将痛苦的十字架作为恩赐接受、永远笑着生活的坚强之心。

当然，这对于每天为工作、家务、育儿忙得团团转的人来说，也是一件困难的事。

在我被派往美国锻炼的那段时间，我从美国修女们的身上学到了很多东西。除了通过倾听她们说什么学习东西外，我还通过观察她们的举止学习东西。比如，在厨房洗盘子的时候，她们会先卷起袖口，然后画“十”字。她们在开车前也是如此。她们能做出这种动作，表明她们在无意识中就能感受到上帝的存在。不知不觉间，改变过信仰、修行尚浅的我，也养成了做事前画“十”字的习惯。

她们用行动告诉了我，祈祷并不是只有去教堂才能做的行为，而是一种需要随时意识到上帝的存在并与上帝沟通的行为。在工作中，我们即使完全忘了上帝的存在也没事。但是，我们应“持有常常与上帝沟通的念头”。这是一件重要的事。

在举办运动会的前一天，我曾对附属幼儿园的教职工这么说：“尽管我们不知道祈祷完后我们是否能如愿，但我们还是要祈祷明天有个好天气。”

我刚说完，有位老师就来到我的身旁，对我说：“祈祷的老师和不祈祷的老师，有很大的区别啊！”这位老师并不是基督教徒。她的话给我留下了深刻的印象。之所以有很大的区别，是因为祈祷虽然不能改变上帝，但能改变自己。

对于没有宗教信仰的人来说，对上帝的祈祷就是转换心境的问题。

比如，当你早上打发孩子去上学的时候，不是训斥催促孩子“快点快点，不要磨蹭”，而是和孩子一起快速洗漱，憧憬着“我们早点出门去看看清晨的阳光吧”，你觉得如何？批评孩子的时候，如果是先引导再批评，或许孩子能更温顺地接受吧！

有一颗培育人才的心

伊丽莎白・布丽特（Mother Elizabeth Britt）是一位伟大的教育家、杰出的行政管理者。关于这一点，已无须我赘述。因为不仅矗立在广尾之丘的数幢建筑，已如实向世人展示过去 20 年圣心女子大学的发展状况，从该学校毕业的众多毕业生的今日姿态也已证明了这一点。而想不到也要像她一样走教育修习者之路的我，一想起她便想回忆她的过去姿态。

自古以来就有各种各样的教育方法，而现在被人们特别重视的、必须掌握的教育方法应该是通过对话实现人格的碰撞的教育方法吧！伊丽莎白・布丽特早在我们所上的新制大学的创建时期，就建议大家以对话的形式开展教育。确实，对于贯彻英语主义的伊丽莎白・布丽特而言，语言障碍阻碍了该教育法的实施。而且，她的过于合乎逻辑的、英明的论点，也使对话的余地消失了。但是，可以说我们每个人（虽然人数不多）都记住了她的名字（或被迫记住），并响应她的号召，开展了满足众人需要的教育。

她曾反复告诉我，当他人睁着大眼睛问你“why”（为什么），而你却无法给出一个令人满意的回答时，这便意味着你的话语与自己的行动不相称。她的这句话，让我至今印象深刻。她让我意识到，做出用名字呼唤每个学生这个行为，即意味着在“谁，为什么这么做”这个问题上要被彻底追究责任。

伊丽莎白·布丽特的去世是一件令人无比惋惜的事。但另一方面，我却觉得她是在合适的时候被上帝召唤回去了。代际差异问题像现在这样突出的时候，迄今为止应该不曾有过吧！在这个瞬息万变、大学生们即使只相差一学年也无法理解彼此想法的时代，教育工作也变得越来越难做。也是这个时候，我才按照有别于我先前的理解细细体会“被称为老师的人是天下最大的傻瓜”这句话的意思。但是，是不是我们太过拘泥于“差异”了呢？我们好像对旧人旧事持有自卑情绪。而这样的结果是，父母奉承孩子，老师奉承学生，老人奉承年轻人，雇佣者奉承被雇佣者，修道者奉承世人。大家在想要展示出聪明懂事的一面的同时，也使撒娇心理随之产生。

对话只有在双方都是拥有独立人格的人时才会变为可能。正如我们无法与墙壁对话一样，如果像海绵一样不加批判地全盘吸收对方的话，便无法建立对话关系。对话只存在于持有自己信念的同时尊重他人的信念，理性地参照真理辨别两种信念之间的共同点或不同点，并努力找出两者的接触点的人们之间。这就是对通过对话开展的教育法持有信念的人有必要存在的原因所在。伊丽莎白·布丽特就是一个持有信念、无法忍受阿谀奉承的人。

在持有信念的同时，伊丽莎白·布丽特还是一个时常奖励带着信念行动的人并使他们对自己的行为负责的人。在临近毕业的某一天，伊丽莎白·布丽特叫我去校长室找她。当我战战兢兢地走进校长室后，她问我：

“这是最后的机会，你是否想成为玛利亚（译注：玛利亚是耶稣的母亲）的孩子？”

这是一次很难得的询问。因为这是一次被授予名誉的机会，且获得该机会的人将被允许挂上大奖牌。然而，七年间一直承蒙圣心照顾却对圣心的学风持排斥情绪的我，却狂妄地回答道：

“因为我不是圣心的信徒，且只想做天主教的信徒，所以我想谢绝您的好意。”

虽然那一次我在伊丽莎白·布丽特那半惊讶半悲伤的目光中头也不回地离开了，但一直以来，我对从那之后从未提及此事的伊丽莎白·布丽特都怀有深深的歉意。

被命令在位于地方城市的一所与母校的校名十分酷似的四年制女子大学担任校长的六年间，每次抱怨自己的命运，我都会想，让我担任校长，应该是上天对在圣心上学期间给伊丽莎白·布丽特添了各种麻烦的我做出的惩罚吧！现在，我还时常想起当不知如何筹措留学期间的老师的工资、如何开好夏季讲座的我，像回娘家的新嫁娘一样回母校向她请教时，她在百忙之中抽出时间为我耐心详细地讲解的那感人的一幕幕。

担任管理者，什么事最难做？答案是，没有比人际关系更难处理的事了。伊丽莎白・布丽特在这一点上应该也是非常操心的吧！我想，正因为她是一个能说善辩的人，所以她在想说日语却不会说、想与人沟通却无法传达自己的想法时，才会觉得很痛苦吧！不过，也正因为她在上帝面前捧举着她承受的这些痛苦，所以她才能创下今日的伟业。她用自己的行动告诉我们，除希望上帝更荣耀、学生更幸福外别无所求的纯粹想法，是在教育上获得成功的秘诀。教育者必须成为“以被忘记为喜的人”。我想，只有从心底祝愿学生能超越自己，在忘记老师前一心一意地为创造新的人生而努力，并以拥有这样的学生为喜，才是教育者应持有的姿态吧！

图书在版编目（CIP）数据

女性的品格 /（日）渡边和子著 ; 周志燕译 . -- 北京 : 北京时代华文书局, 2018.1
ISBN 978-7-5699-2011-6

Ⅰ. ①女… Ⅱ. ①渡… ②周… Ⅲ. ①女性－修养－通俗读物 Ⅳ. ①B825-49

中国版本图书馆CIP数据核字（2017）第297469号

女 性 的 品 格

NÜXING DE PINGE

著　　者 | 渡边和子
译　　者 | 周志燕

出 版 人 | 王训海
选题策划 | 陈丽杰
责任编辑 | 陈丽杰　袁思远
封面设计 | lemon
版式设计 | 孙丽莉
内文插画 | 着　色
责任印制 | 刘　银　訾　敬

出版发行 | 北京时代华文书局 http://www.bjsdsj.com.cn
北京市东城区安定门外大街136号皇城国际大厦A座8楼
邮编：100011 电话：010-64267955 64267677
印　　刷 | 固安县京平诚乾印刷有限公司　0316-6170166
（如发现印装质量问题，请与印刷厂联系调换）
开　　本 | 880mm×1230mm　1/32　印 张 | 6.5　字 数 | 130千字
版　　次 | 2018年3月第1版　印 次 | 2018年3月第1次印刷
书　　号 | ISBN 978-7-5699-2011-6
定　　价 | 42.00元